自然言語処理と深層学習

Natural Language Processing と Deep Learning

《C言語によるシミュレーション》

小高知宏 [著]
Odaka Tomohiro

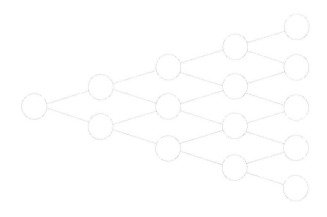

Ohmsha

本書に掲載されている会社名・製品名は、一般に各社の登録商標または商標です。

本書を発行するにあたって、内容に誤りのないようできる限りの注意を払いましたが、本書の内容を適用した結果生じたこと、また、適用できなかった結果について、著者、出版社とも一切の責任を負いませんのでご了承ください。

本書は、「著作権法」によって、著作権等の権利が保護されている著作物です。本書の複製権・翻訳権・上映権・譲渡権・公衆送信権（送信可能化権を含む）は著作権者が保有しています。本書の全部または一部につき、無断で転載、複写複製、電子的装置への入力等をされると、著作権等の権利侵害となる場合があります。また、代行業者等の第三者によるスキャンやデジタル化は、たとえ個人や家庭内での利用であっても著作権法上認められておりませんので、ご注意ください。

本書の無断複写は、著作権法上の制限事項を除き、禁じられています。本書の複写複製を希望される場合は、そのつど事前に下記へ連絡して許諾を得てください。

(社)出版者著作権管理機構
(電話 03-3513-6969, FAX 03-3513-6979, e-mail: info@jcopy.or.jp)

JCOPY ＜(社)出版者著作権管理機構 委託出版物＞

まえがき

　コンピュータによる画像認識の分野で大きな成果を挙げた深層学習の技術は、現在、機械学習のさまざまな分野への適用が進められています。その結果、深層学習の技術を用いることで、従来の人工知能技術では達することのできなかったレベルの能力を発揮しうることが明らかになってきました。

　このことは、深層学習の自然言語処理への適用においても例外ではありません。深層学習の技術を応用することで、従来は不可能であったさまざまな自然言語処理が可能となりつつあります。

　本書では、自然言語処理への深層学習の適用方法を初歩から扱います。自然言語処理一般についての概説の後、深層学習の技術を自然言語処理にどう適用するのかを説明します。次に具体的事例として、自然言語文の特徴抽出および、文脈を考慮した文生成の方法を示します。自然言語文の特徴抽出には畳み込みニューラルネットを用います。また、文脈に沿った文生成には、リカレントニューラルネットを利用します。これらは、深層学習の分野でよく用いられる基礎的な技術です。

　本書では、自然言語処理と深層学習に関連するさまざまな技術を、C言語のプログラムとして表現することで具体的に説明します。本書で紹介するプログラムは普通のパーソナルコンピュータで実行可能なものばかりです。その動作を確認し、必要に応じてプログラムを変更して挙動を試すことで、より深い理解を得ることができると思います。

　本書の実現にあたっては、著者の所属する福井大学での教育研究活動を通じて得た経験が極めて重要でした。この機会を与えてくださった福井大学の教職員と学生の皆様に感謝いたします。また、本書実現の機会を与えてくださったオーム社書籍編集局の皆様にも改めて感謝いたします。最後に、執筆を支えてくれた家族（洋子、研太郎、桃子、優）にも感謝したいと思います。

2017年2月

小高 知宏

目 次

まえがき iii

第1章 自然言語処理と深層学習　　　　　　　　　　　　　　　　1

1.1 自然言語処理の歴史 2
　　1.1.1 自然言語処理とは 2
　　1.1.2 自然言語処理の基礎 5
1.2 深層学習とは 15
　　1.2.1 人工知能と機械学習 15
　　1.2.2 ニューラルネット 19
　　1.2.3 深層学習 26
1.3 自然言語処理における深層学習 33
　　1.3.1 自然言語処理とニューラルネット・深層学習 33
　　1.3.2 ニューラルネットを用いた単語意味表現 35
　　1.3.3 自然言語処理への深層学習の適用 38

第2章 テキスト処理による自然言語処理　　　　　　　　　　　　39

2.1 自然言語文のテキスト処理 40
　　2.1.1 文字の処理 40
　　2.1.2 単語の処理 55
　　2.1.3 1-of-N表現の処理 65
2.2 単語2-gramによる文生成 82

第3章 自然言語文解析への深層学習の適用　　　　　　　　　　　93

3.1 CNNによる文の分類 94
3.2 準備① 畳み込み演算とプーリング処理 97
　　3.2.1 畳み込み演算 97
　　3.2.2 プーリング処理 108

3.3　準備② 全結合型ニューラルネット 116
3.3.1　階層構造による全結合型ニューラルネットの構成と学習方法 116
3.3.2　全結合型ニューラルネットの実現 120
3.4　畳み込みニューラルネットの実装 123
3.4.1　畳み込みニューラルネットの構成 123
3.4.2　畳み込みニューラルネットによる1-of-N表現データの学習 124
3.4.3　CNNによる単語列評価 141

第4章　文生成と深層学習　161

4.1　リカレントニューラルネットによる文生成 162
4.1.1　ニューラルネットと文生成 162
4.1.2　リカレントニューラルネット 166
4.2　RNNの実装 168
4.2.1　RNNプログラムの設計 168
4.2.2　RNNプログラムの実装 170
4.3　RNNによる文生成 186
4.3.1　RNNによる文生成の枠組み 186
4.3.2　文生成実験の実行例 194

付　録　201

A　行の繰り返し回数を行頭に追加するプログラム　uniqc.c 202
B　行頭の数値により行を整列するプログラム　sortn.c 203
C　全結合型ニューラルネットのプログラム　bp.c 205

参考文献 213
索　引 214

【プログラムファイルのダウンロードについて】

オーム社ホームページ（http://www.ohmsha.co.jp/）では、本書で取り上げたプログラムとデータファイルを、圧縮ファイル（zip形式）で提供しています。

圧縮ファイル（978-4-274-22033-3.zip；約28KB）をダウンロードし、解凍（フォルダ付き）してご利用ください。

注意
・本ファイルは、本書をお買い求めになった方のみご利用いただけます。本書をよくお読みのうえ、ご利用ください。また、本ファイルの著作権は、本書の著作者である、小高知宏氏に帰属します。
・本ファイルを利用したことによる直接あるいは間接的な損害に関して、著作者およびオーム社は一切の責任を負いかねます。利用は利用者個人の責任において行ってください。

第 1 章

自然言語処理と深層学習

　この章では、初めに自然言語処理とは何かについて述べ、自然言語処理を実現するためにどのような研究が進められてきたかを概観します。次に機械学習の一手法である深層学習について、どのような技術であるのかをいくつかの例を通して説明します。これらを踏まえたうえで、自然言語処理と深層学習の関係を説明します。

1.1 自然言語処理の歴史

1.1.1 自然言語処理とは

自然言語処理（natural language processing）は、コンピュータプログラムを用いて自然言語を処理する技術です。ここで「自然言語」とは、日本語や英語などの、人間がコミュニケーションや思考の道具として用いる言語です。また自然言語処理の「処理」には、データの検索や整理・保存などの基本的なデータ処理とともに、意味の抽出や異なる言語間での翻訳など、自然言語の特性に基づく高度な処理を含みます。

自然言語処理の具体的な適用例を**図1.1**に示します。

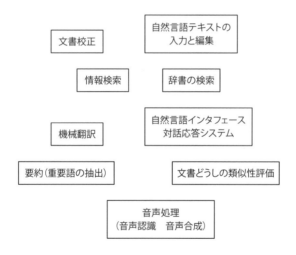

■ 図 1.1　自然言語処理の具体的適用例

自然言語処理のうちで基本的かつ実用的な技術は、自然言語テキストの入力と編集を支援する技術でしょう（**図1.2**）。日本語入力を支援するかな漢字変換技術や、日本語ワードプロセッサの編集支援機能などは、かつては自然言語処理技術として研究された技術です。さらに、音声による自然言語文の入力も、スマートフォンの普及とともに一般に利用されるようになりました。現在では、これらはある程度完成された技術として一般に広く用いられています。

日本語ワードプロセッサには、単に文書を編集する機能だけでなく、文書の作

成や校正を支援するさまざまな技術が組み込まれています。たとえば語の用法を調べるための辞書検索機能や、綴りのミスを指摘したり表記の揺れを検出したりする文書校正機能などが組み込まれています。これらは、自然言語処理技術の応用事例です。

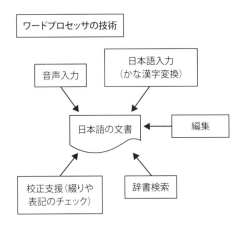

■図1.2　自然言語テキストの入力と編集

　自然言語による**情報検索**は、インターネットの典型的な利用方法の一つでしょう。**検索エンジン**と呼ばれるWebサイトでは、調べたい単語やフレーズを入力することで関連する情報を検索することができます。検索に際しては、単語が完全に一致する場合だけでなく、だいたい似ている検索語を含めたあいまいな検索も行えます。また、検索対象単語の誤表記を訂正したり、途中まで入力した検索語を補完するなどの機能を提供する場合もあります。これらは、自然言語処理技術の応用事例です（**図1.3**）。

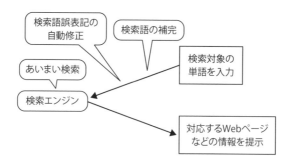

■図1.3　自然言語による情報検索

　機械に話しかけることで機械を操作できる**自然言語インタフェース**は、スマートフォンの対話応答システムという形で実用化されています。音声で自然言語文を入力し、入力に従って情報を検索したり、入力結果を文書として保存し編集することもできます。また、音声で与えたコマンドに従ってシステムを操作することも可能です（**図1.4**）。

　対話システムの中には、情報検索などの特定の目的を持たずに、漫然とした対話を続けること自体を目的としたいわゆる**人工無能**とか**チャットボット**などと呼ばれる対話応答システムもあります。これらのシステムも、自然言語処理技術の応用から生まれたものです。

```
自然言語インタフェース
・音声による情報検索や情報の入力
・音声によるシステムの操作
```

```
対話応答システム
・質問応答システム
・チャットボット
```

■図1.4　自然言語インタフェース

　自然言語処理技術の応用例として、異なる自然言語間で文を相互に変換する**機械翻訳（machine translation）** の技術が実用化されつつあります（**図1.5**）。機械翻訳は特定分野での定形的な文書の翻訳などに用いられるだけでなく、一般向けのソフトウェアシステムに組み込まれる形でも実用化されつつあります。たと

えばWebサービスとして実現されているWebページの機械翻訳システムを用いると、日本語以外で記述されたWebページを日本語に翻訳して表示することが可能です。

■ 図 1.5　機械翻訳

　自然言語処理の技術を用いると、文書の要約や、文書どうしの類似性を評価することができます（**図1.6**）。文書要約においては、ある文書に含まれる用語のうちから文書の特徴を表す重要語を抽出したり、文書を表現する要約文を作成する技術が利用されています。また、こうした技術を用いて、複数の文書どうしの類似性を数値で評価する手法が提案されています。

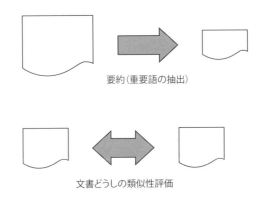

■ 図 1.6　文書の要約や文書どうしの類似性評価

1.1.2　自然言語処理の基礎

　ここでは、自然言語処理研究がどのような流れで発展してきたかを概観するとともに、自然言語処理技術の理解に必要な基本的事項を整理します。

1. テキスト処理

テキスト処理（text processing） は、文字の並びであるテキストに対して処理を施すことであり、自然言語処理の基本技術です。テキスト処理は、テキストを文字に分解したり、文字の小さな塊を抽出したり、文字や文字の塊を分類、検索、数え上げるなどの処理を含みます。これらの結果を統計的に処理することで、テキストに対する評価を行います。

コンピュータは記号を処理する機械です。したがって、記号の並びであるテキストを処理するテキスト処理は、コンピュータの本質的動作に基づく処理過程と考えることができます。

テキスト処理に基づく自然言語処理は歴史が古く、文献に含まれる文字の種類や語彙、あるいは特徴的な表現を統計的に評価する計量言語学あるいは**計量文献学（bibliometry）** は、コンピュータの発明以前から研究されています。

テキスト処理による言語処理の一手法として、**n-gram** 解析があります。電子式コンピュータが発明されたのは1940年代ですが、その直後の1950年代にはすでにn-gramが提案されています。提案者は情報理論の創始者として有名なクロード・シャノン（Claude Shannon）です。

n-gramはテキストの構成要素を連続するn個の要素に分解したものです。たとえば**図1.7**で、文「すもももももももものうち」から文字を単位としたn-gramを作成するとしましょう。今、$n=3$、つまり3-gramを考えます。すると図のように、先頭から3文字ずつの塊を作ることができます。これらが、この例における文字の3-gramの集合です。

文字の 3-gram の例

すもももももももものうち

すもも
　もももも
　　もももも
　　　…
　　　　ものう
　　　　　のうち

■図1.7　n-gram の例（1）

図1.8は、文字の代わりに単語を構成要素と考えた場合のn-gramの作成例です。日本語では文を単語に区切ること自体が自然言語処理技術における検討課題ですが、ここでは何らかの方法で文を単語に区切ることができたとします。あとは先ほどの例と同様、連続する二つの単語を順に取り出していくことで、単語の2-gramを作成することができます。たとえば図1.8では、「自然言語を処理する」という文を例に、単語の2-gramを作成する例を示しています。図に示したように文を単語に分割できたとすると、あとは単語を二つずつ順に組み合わせることで単語の2-gramができあがります。

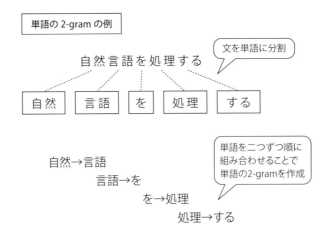

■図1.8　n-gramの例（2）

　文字や単語のn-gramを用いると、文書の特徴を調べることができます。たとえば、本書冒頭部分について文字の3-gramを作成して集計すると、図1.9のような結果となります。図で3-gramを出現頻度順に集計した結果を示しています。表の上位には「然言語」とか「自然言」、あるいは「言語処」「語処理」、「システ」および「ステム」といった3-gramが見受けられます。このことから、本書冒頭部分では、「自然言語処理」や「言語処理システム」を話題として論じていることがわかります。

　なお、プログラムを用いてn-gramを作成する方法については、第2章で改めて取り上げます。

頻度	3-gram
24	然言語
24	自然言
16	ます。
11	言語処
11	語処理
11	システ
11	ステム
10	
9	自然
8	です。
8	ること
8	日本語
7	れてい

文字の3-gramの例

文字の3-gramの出現頻度から、「自然言語処理」や「言語処理システム」を話題として論じていることがわかる

（以下省略）

■図1.9　n-gram 頻度の解析例（1）

　図1.9の例は文字の3-gramによるものですが、同じことを単語の2-gramで行うとどうなるでしょうか。先に述べたように、単語の2-gramを作成するためには、解析対象の文から単語を切り出さなければなりません。解析対象が英語やドイツ語であれば、解析対象の文は分かち書きによって単語の区切りに空白をいれる書き方がなされています。したがって、単語の切り出しは簡単です。これに対して日本語などの分かち書きがなされていない言語の場合には、単語を切り出すために何らかの自然言語処理技術が必要とされます。

　文から単語を切り出して、単語の役割を解析する処理技術を、**形態素解析（morphological analysis）** と呼びます。日本語の単語n-gramを作成するには、形態素解析を行って単語を切り出す必要があります。形態素解析をプログラムでどう行うかについては、第2章で改めて取り上げることにします。

　さて、形態素解析によって単語を切り出し、その2-gramを作成して集計すると**図1.10**のような解析結果を得ます。図で記号「->」は2-gramの前半と後半を区切るものです。たとえば最も頻度の大きかった「自然->言語」は、「自然」という単語

と「言語」という単語の連鎖からなる2-gramを表しています。図の解析結果から、この文書には「自然->言語」あるいは「言語->処理」というキーワードが多く含まれていることがわかります。

単語の 2-gram の例

頻度	2-gram
24	自然->言語
16	ます->。
15	は->、
15	->
11	言語->処理
10	さ->れ
9	->自然
8	です->。
7	1->.
7	図->1
6	て->い
6	する->こと
6	れ->て
6	い->ます
5	類似->性
5	文書->の
5	し->たり
5	機械->翻訳
5	の->類似
5	語->の
5	情報->検索
5	処理->技術
5	応答->システム
5	的->な
5	処理->の
4	言語->インタフェース

（以下省略）

> 単語の2-gramの頻度から、「自然->言語」あるいは「言語->処理」というキーワードが多く含まれていることがわかる

■ 図 1.10　n-gram 頻度の解析例（2）

n-gramは、与えられた文の解析に使えるだけでなく、新しい文を生成することにも利用できます。図1.10のような結果を、文生成のための一種のルールとして用いることで、ある単語から始めて単語をつなげてゆくことで文を生成することができます。

たとえば、「自然」という単語から始めて、文を生成してみましょう。図1.10の結果から、「自然」という単語には「言語」という単語がつながることがわかります。続いて「言語」には、頻度11回で「処理」という単語が続きます。ただし「言語」は、頻度4回で「インタフェース」という単語にも接続します。どちらを選ぶかは、別途ルールを決めることで決定します。もし「処理」が選ばれたら、次は「技術」か「の」がつながります。しかしながら、図1.10では省略しましたが、頻度は低いながらも、「処理」には「する」や「とともに」、「を」などがつながる場合もあります。これらを用いることで、**図1.11**のように文を生成することもできます。

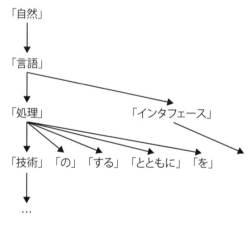

■図1.11 n-gramを文生成のルールとして利用する例

2. 形式文法

私たちが自然言語を習得する際には、習得対象言語の単語を覚えるとともに、言語の文法を学びます。たとえば小学校や中学校で初めて英語を学ぶときには、単語を覚えるとともに英語の構文を学びます。これは何も外国の場合だけでなく、古文の勉強においても構文や品詞の活用などの文法知識を必ず教わりますし、実

は母国語である現代日本語（国語）の学習においても日本語の文法を学びます。こうしたことから、自然言語処理においても文法を扱う必要があると考えられます。

自然言語処理の歴史から見ると、自然言語処理において基礎とされる文法理論はノーム・チョムスキー（Noam Chomsky）の提唱した**形式言語理論（formal language theory）**です。チョムスキーは、形式言語理論として1950年代に**生成文法（generative grammar）**を提案し、その後も形式言語理論をさらに発展・展開させました。ここでは生成文法の代表例である**句構造文法（phrase structure grammar）**を例に取って説明します。

句構造文法では、ある記号を別の記号に書き換える規則の集合で文の構成方法を表現します。**図1.12**に、書き換え規則の例を示します。

```
＜文＞→＜名詞句＞＜動詞句＞     ………… 書き換え規則①
＜名詞句＞→＜名詞＞            ………… 書き換え規則②
＜名詞句＞→＜形容詞＞＜名詞句＞ …… 書き換え規則③
＜動詞句＞→＜動詞＞            ………… 書き換え規則④
＜名詞＞→私は                  ………… 書き換え規則⑤
＜動詞＞→歩く                  ………… 書き換え規則⑥
＜形容詞＞→美しい              ………… 書き換え規則⑦
＜形容詞＞→りりしい            ………… 書き換え規則⑧
```

■図1.12　句構造文法における書き換え規則の例

図1.12で、カッコ＜＞で囲まれた記号は、文の中において、ある文法的役割を持つ構成要素を表します。これらの記号を**非終端記号（nonterminal symbol）**と呼びます。また、カッコ＜＞で囲まれていない記号を**終端記号（terminal symbol）**と呼びます。終端記号は、文法が記述対象とする言語において、実際に文を構成する単語です。

句構造文法では、矢印の両辺にこれらの記号を配置し、矢印の左側の要素を右側の要素に順次書き換えることで実際の文を生成します。書き換えはある特定の非終端記号から始めますが、この非終端記号を特に**開始記号（start symbol）**と呼びます。図1.12の例では、＜文＞が開始記号です。

さて、図1.12の最初の書き換え規則①は、開始記号＜文＞を、＜名詞句＞＜動詞句＞という二つの非終端記号の並びに書き換えるという意味の規則です。この規則と、②および④の規則を適用すると、＜文＞が＜名詞＞＜動詞＞という並び

に書き換えられます。さらに⑤と⑥の規則を適用すると「私は歩く」という文が生成されます（**図1.13**）。このように、句構造文法における書き換え規則は、文を生成する規則を与えます。

「私は歩く」を生成

```
<文>→<名詞句><動詞句>      ……………規則①を適用
    →<名詞><動詞句>        ……………規則②を適用
    →<名詞><動詞>          ……………規則④を適用
    →私は<動詞>            ……………規則⑤を適用
    →私は歩く              ……………規則⑥を適用
```

■図1.13　書き換え規則の適用例（1）

　規則の適用方法を変えると、別の文を生成することができます。たとえば**図1.14**では、開始記号<文>から始めて、「りりしい美しい美しい私は歩く」という文を生成しています。

　ここで繰り返し用いている規則③は、<名詞句>を<形容詞><名詞句>という二つの非終端記号の並びに書き換えます。この規則では、左辺と右辺に同じ記号が表れます。したがって、この繰り返し規則を繰り返し適用すると、<名詞句>の前に<形容詞>が増えていき、結果として非終端記号の並びがどんどん長くなっていきます。

「りりしい美しい美しい私は歩く」を生成

```
<文>→<名詞句><動詞句>                        ……………………規則①を適用
    →<形容詞><名詞句><動詞句>                  ………………規則③を適用
    →<形容詞><形容詞><名詞句><動詞句>            ……………規則③を適用
    →<形容詞><形容詞><形容詞><名詞句><動詞句>      ………規則③を適用
    →<形容詞><形容詞><形容詞><名詞><動詞句>       ………規則②を適用
    →<形容詞><形容詞><形容詞><名詞><動詞>        ………規則④を適用
    →りりしい美しい美しい私は歩く                ……………規則⑤⑥⑦⑧を適用
```

■図1.14　書き換え規則の適用例（2）

　書き換え規則は、文生成だけでなく、**構文解析**（syntax analysis）、すなわ

ち与えられた文の構造を調べるためにも使えます。たとえば、例文として「美しい私は歩く」が与えられたとします。この文の構造を調べるには、図1.12の書き換え規則を開始記号＜文＞から順次適用して照合し、与えられた文を説明する規則適用手順を探索します。探索の過程の例を**図1.15**に示します。

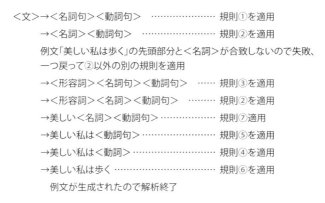

■ 図1.15　書き換え規則による構文解析

図1.15で、適用に成功した規則を整理すると、次のようになります。このようなデータ構造を**構文木**（syntax tree）と呼びます。構文木が得られると、文の構造や単語の意味を用いて、文全体の意味を把握することができます。

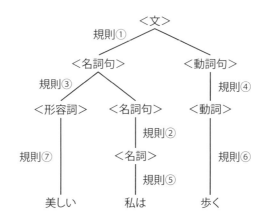

■ 図1.16　構文木の例

句構造文法では、非終端記号、終端記号、書き換え規則および開始記号の四つの要素を用いて文法を規定します。ここで示した例は非常に簡単な例ですが、書き換え規則を充実させることで、複雑な文の構文を表現することが可能です。ここで問題は、どのようにして書き換え規則を手に入れるか、という点にあります。

歴史的には、手作業で文法を解析して、それに沿って書き換え規則を記述する試みが多数なされました。しかし、自然言語は非常に複雑であり、一見例外的な文法事項が非常にたくさんあります。したがって、手作業で書き換え規則を記述するという作業には大変な労力が必要とされます。また、膨大な規則が全体として正しいのか、各部分が矛盾していないのかを検証することは極めて困難です。

こうしたことから、手作業で書き換え規則を記述することは、対象とする自然言語の分野を限定しない限りは難しい問題です。このため、手作業で構築した文法規則を用いて一般的な処理システムを構築した事例はありませんでした。

3. 統計的自然言語処理と機械学習・深層学習

文法の記述や単語辞書の構築は、膨大な情報を扱うので非常に手間がかかるうえに、作業内容自体が専門的で難しい課題です。もし、人手によってこれらの作業を行う代わりに、これらの作業を自動的に行う方法があれば、問題を解決することができます。

その一つの方法が、統計的手法に基づく自然言語処理の技術です。統計学というと数値を対象とするというイメージがありますが、自然言語を対象として統計的性質を探るのが**統計的自然言語処理（statistical natural language processing）**の技術です。統計的自然言語処理では、入力情報である自然言語文を記号の並びとしてとらえ、並び方の特徴を確率論や統計学などの統計的手法で解析します。ここで得られる記号の並び方の特徴とは、言い換えれば自然言語文の文法のことです。したがって、統計的手法を用いることで、人手を介さずに自然言語文の特徴を得ることができます（**図1.17**）。

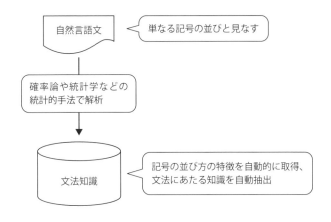

■ 図 1.17　統計的自然言語処理

　統計的自然言語処理は、1990年代頃から発展しました。これは、インターネットの爆発的発展によって、解析対象となる膨大なテキストデータが入手可能となった時期と一致しています。統計的自然言語処理技術の発展により、実用的で一般的な言語処理技術への道が開けました。

　さらに現在、統計的手法とともに**機械学習（machine learning）**の手法、特に**深層学習（deep learning：ディープラーニング）**と呼ばれる手法が自然言語処理に導入され、大きな成果を上げています。そこで以下本章では、深層学習とは何かを概観し、自然言語処理への深層学習の適用について概説します。

1.2　深層学習とは

　本節では初めに人工知能分野における機械学習について概観し、その中で深層学習がどう位置づけられるかを説明します。

1.2.1　人工知能と機械学習

　人工知能（artificial intelligence：AI）は、人間や生物の知的挙動を真似ることで有用なソフトウェアを作成するという工学的学問分野です。人工知能にはさまざまな分野が含まれますが、機械学習はその重要な柱の一つです。

　機械学習は、機械すなわちコンピュータが学習を行うことで、勝手に賢くなるコ

ンピュータを実現する技術です。機械学習には、**図1.18**に示すようなさまざまな手法があります。図にあるように、深層学習は機械学習の一分野です。

■図1.18　機械学習のさまざまな手法

　図1.18で、**強化学習（reinforcement learning）**は、学習結果に対する評価を元にして適切な知識を学んでいく学習手法です（**図1.19**）。強化学習の手法を用いると、たとえば将棋や囲碁などのゲームにおいて、1回のゲームが終了して勝負がついた際に勝ち負けに応じて対局知識を向上させるような学習が可能です。強化学習は、もともとは動物心理学における学習理論として提唱された理論です。

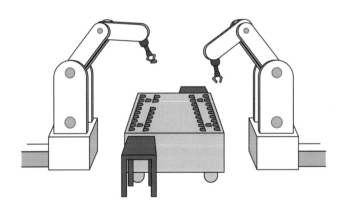

■図1.19　強化学習

図1.18の**群知能**(swarm intelligence)や**進化的計算**(evolutionary computation)は、生物の群れや生物進化にヒントを得た学習手法です。群知能は、魚や鳥の群れが、群れの構成要素である生物個体は単純な行動しか行わないのに、群れ全体としては捕食や衝突回避などに際して知的な行動を取ることをヒントとした手法です(**図1.20**)。進化的計算は、生物が親から子へ、子から孫へと遺伝情報を伝える際に、環境との相互作用によって淘汰や選択がなされることで、より洗練された遺伝情報が子孫に伝えられることをヒントにした計算手法です。いずれも、生物の知的な振る舞いをモデルとして、学習や最適化といった知的挙動を実現しています(**図1.21**)。

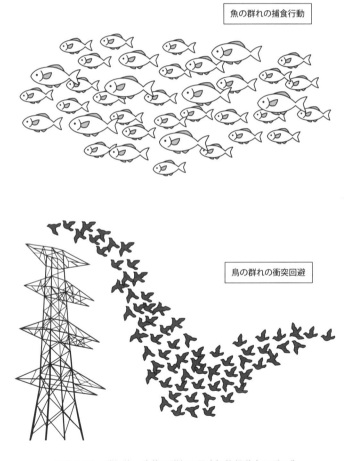

■図1.20 群知能 生物の群れの示す知的行動をモデル化

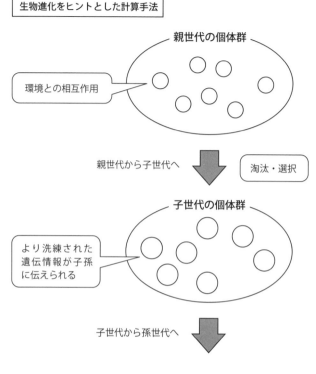

■図1.21　進化的計算

　同じく図1.18で、**ニューラルネット（neural network）** も生物に学んだ計算手法です。ニューラルネットワーク、すなわち神経の回路網とは、本来的には生物の神経細胞が構成する情報伝達機構を意味します。これに対し、生物の神経細胞を数学的にモデル化して人工の神経細胞である**人工ニューロン（artificial neuron）** を作成し、これを相互結合したネットワークを**人工ニューラルネットワーク（artificial neural network）** と呼びます（**図1.22**）。人工知能や機械学習の世界では、人工ニューラルネットワークを単にニューラルネットと呼びますので、以下ではそれに従います。

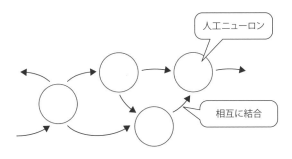

■図1.22　人工ニューラルネットワーク

　ニューラルネットの研究の歴史は古く、基礎となるモデルがウォーレン・マカロック（W. S. McCulloch）とウォルター・ピッツ（W. Pits）によって提唱されたのは1943年です。その後1950年代には**パーセプトロン（perceptron）**と呼ばれるニューラルネットが広く研究されました。さらに1980年代には、本書でも扱う**バックプロパゲーション（back propagation）**という手法が広く利用されるようなり、さまざまな分野へニューラルネットが応用されるようになります。そしてその技術は、現在の深層学習（deep learning）へと引き継がれています。

1.2.2　ニューラルネット

　深層学習は、ニューラルネットを発展させた機械学習手法です。そこでここでは、ニューラルネットについて説明します。

　ニューラルネットを構成する基本単位は人工ニューロンです。生物の神経細胞は、他の複数の神経細胞からの出力信号を受け取り、適当な演算を施して出力します。人工ニューロンはこの処理を真似て、複数の入力を受け取って重みを付けて合計します。そのうえで、合計値に適当な計算を施して出力します（**図1.23**）。

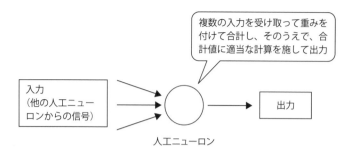

■図1.23 人工ニューロンの機能

　ニューラルネットは、人工ニューロンを組み合わせてネットワークを構成した計算機構です。ネットワークの構成方法はさまざまですが、例として、層状に複数の人工ニューロンを配置した**階層型ニューラルネット**の概念図を**図1.24**に示します。図1.24の例では、三つの人工ニューロンが一つの階層を構成しています。この階層を3層組み合わせることで、全体として九つの人工ニューロンで一つのニューラルネットを構成しています。

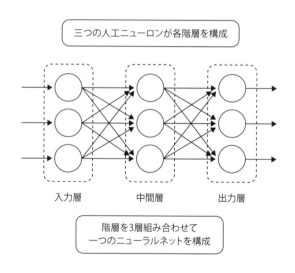

■図1.24　ニューラルネットの構成（階層型ニューラルネット）

　ニューラルネットは、ある入力を受け取ると、それに対応する出力情報を計算します。たとえば図1.24のニューラルネットには入力部分に三つの人工ニューロンが

あります。そこで、このニューラルネットは三つの独立した数値を入力として受け取ることができます。

入力を受け取ると、人工ニューロンは入力情報に従ってニューロンの出力値を計算します。その計算は、大部分は掛け算や割り算の繰り返しです。こうした計算はコンピュータの最も得意とする作業ですから、出力情報の計算は高速に行えます。

人工ニューロンの出力値は次の中間層の人工ニューロンに送られ、同様にして計算が進みます。そして3層目の人工ニューロンの出力値が、ニューラルネット全体の出力値となります（**図1.25**）。

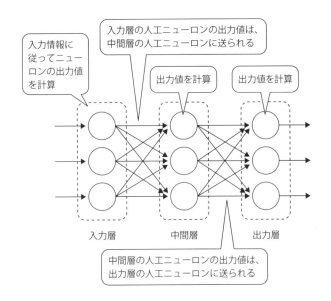

■図1.25　ニューラルネットの計算処理

ニューラルネットを構成する各人工ニューロンのパラメタを適切に設定すると、ニューラルネット全体の挙動を自由に設定することができます。したがってニューラルネットは、任意の入出力関係を表現する万能の信号変換器のような働きを持たせることができます。ここで、お手本となる入出力関係を与えて、その関係を正しく表現するように人工ニューロンのパラメタを調整する手順のことを、ニューラルネットの**学習**と呼びます（**図1.26**）。

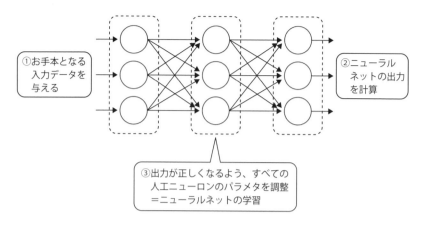

■図1.26　ニューラルネットの学習

　ニューラルネットの学習例として、たとえば画像の分別を考えましょう。今、縦横に人工ニューロンが配置されたニューラルネットを考えます。このニューラルネットに、ピクセルで表現された画像データを入力するとします。画像の各ピクセルの値が、入力層を構成する人工ニューロンに与えられます。あとは先ほどの説明に従って、各層の人工ニューロンで計算がなされて出力層から処理結果が出力されます。

　ここでは、ニューラルネットの出力層に人工ニューロンを一つだけ配置し、ある性質を持った一群の画像を与えたときには出力が1となり、別の性質を持った一群の画像が与えられた際には出力が0となるように学習をさせる場合を考えます。この場合の性質とは、たとえば縦方向の模様が多いとか、特定の図形が含まれているとか、あるいは特定の物体が写っているか、などのことです。実際の応用例としては、たとえば顔画像による本人認証とか、あるいは画像による製品の検査など思い浮かべてみてください。

　人工ニューロンのパラメタを調整するためには、**学習データセット（training data set）**が必要です。この場合の学習データセットとは、分別したい画像の例を性質別に集めた画像データです。たとえば、縦方向の模様が多いデータと、そうではないデータをそれぞれ複数集めます。そして、前者の場合にはネットワークの出力が1となり、後者に対しては0となるように学習させることを考えます。具体的な学習アルゴリズムは後で説明しますが、学習データセットを一つずつ使って、ある入力に期待される出力が正しくなるようにパラメタを調整していきます。

調整を何度も繰り返すと、やがて入力画像に対して出力値が正しい値となるようにネットワークの挙動が調整されていきます。これで学習が終了します（**図1.27**）。

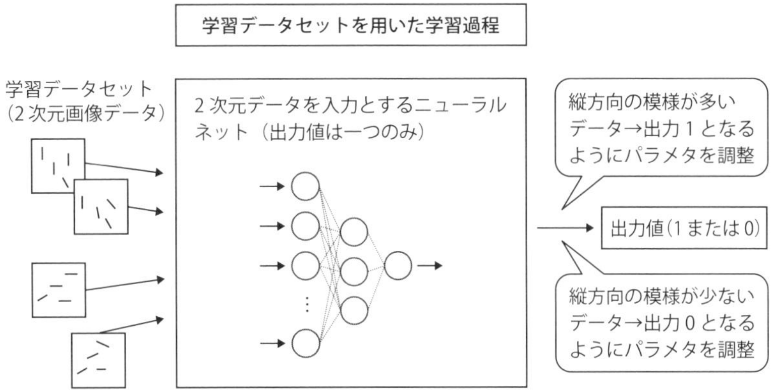

■ 図 1.27　画像の判別（1）

　学習が終了すると、学習データセットに含まれるデータについては、ニューラルネットが正しい値を出力するはずです。そこで次に、学習データに使わなかった未知のデータをニューラルネットに与えます。この未知のデータセットを、**検査データセット（test data set）** と呼びます（**図1.28**）。

　このとき、学習データセットだけでなく検査データセットについても正しく分別できるならば、ニューラルネットの学習は**汎化**を含めてうまくいったことが確認できます。ここで汎化とは、学習データセットに含まれる共通の特徴をとらえて、学習データセットに含まれないデータを与えても期待どおりの出力結果を与えるような働きを意味します。

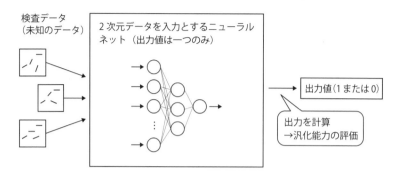

■図1.28　画像の判別（2）

　ニューラルネットの学習においては、人工ニューロンのパラメタを調整するアルゴリズムが必要です。これにはさまざまな方法が考えられますが、最も標準的な方法は先に述べたバックプロパゲーションを用いるアルゴリズムです。バックプロパゲーションでは、ニューラルネットの出力値に含まれる誤差の値を利用して、それぞれの人工ニューロンのパラメタを微調整します。手順としては、出力値に含まれる誤差を出力側から入力側に逆に伝搬（プロパゲーション）させることで、後段から前段へと逆方向にパラメタを調整していきます（**図1.29**）。

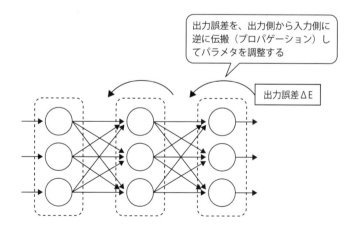

■図1.29　バックプロパゲーションによるパラメタの調整

バックプロパゲーションを用いることでさまざまな学習データセットに対するニューラルネットの学習が可能となり、ニューラルネットの応用分野が広がりました。このことからバックプロパゲーションが広く使われるようになった1980年代以降、ニューラルネットの研究がブームを迎えます。こうして研究が進むと、その適用限界も明らかになってきます。それは、大規模な学習データセットに対してニューラルネットを適用すると、学習がうまくいかなくなるということです（**図1.30**）。

　1990年代以降になると、インターネットの爆発的発展により、大量のデータが比較的簡単に入手できるようになりました。そこで、大量のデータを学習データとして扱うことで、実用的なシステムを構築しようとする試みがなされました。

　ニューラルネットを大量のデータに対して適用しようとすると、簡単な例題に適用する場合とは本質的に異なる問題が生じます。それは、大量のデータの特徴を保持するニューラルネットは、複雑な内部構造を有する必要があるという点です。

　大量の学習データの特徴を保持するためには、ニューラルネットの内部構造にもそれに見合うだけの複雑さが必要となります。この結果、図1.27に示すような階層型ニューラルネットの場合には、階層を増やすとともに各階層に含まれる人工ニューロンの数を増やさなければなりません。すると、学習によって探索すべきニューラルネットの状態が膨大となり、学習が困難になります。つまり、実用的なシステム構築しようとしてデータに見合うようにニューラルネットを拡張すると、ニューラルネットの学習が難しくなるのです。

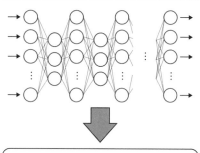

■図1.30　ニューラルネットを複雑化すると学習が困難になる

　こうしたことから、21世紀に入る頃にはニューラルネットの研究はいったん沈静化してしまいます。しかし、21世紀に入った後の2010年頃から、大量の学習データをニューラルネットで扱う手法がいろいろと提案されるようになりました。これらの手法を用いてニューラルネットを大規模問題に適用する学習手法が深層学習です。したがって深層学習は、ニューラルネットの新しい学習手法であるととらえることができます。また、深層学習の手法は一通りではなく、さまざまな方法が提案されています。

1.2.3　深層学習

　深層学習は、大規模な学習データセットに対応した、ニューラルネットの学習手法です。その手法は一つではなく、さまざまな手法が提案されています。ここでは代表的手法として、畳み込みニューラルネットと自己符号化器を紹介します。

1.　畳み込みニューラルネット

　深層学習でよく用いられる手法の一つに、**畳み込みニューラルネット (Convolutional Neural Network：CNN)** を用いた大規模ネットワークの構築手法があります。畳み込みニューラルネットは、**図1.31**に示すような特殊な形

式のニューラルネットです。このような形式を取ることで、ニューラルネットの学習による探索範囲が限定されるため、大規模データに対する学習が可能になります。

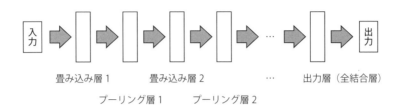

■図1.31　畳み込みニューラルネット

　畳み込みニューラルネットの畳み込み層は、入力に対して畳み込み計算を行う人工ニューロン層です。畳み込み計算とは、入力データの一部分を取り出して適当な計算を行う作業を、入力データの全域にわたって繰り返す計算処理です。
　この処理は、2次元画像に対して2次元のフィルタを適用することを考えるとイメージしやすいと思います。今、**図1.32**（1）のように、ピクセル値の集合として2次元画像が与えられたとします。たとえば画像が100×100の合計10,000個のピクセルで表現されたとします。仮に、この画像に3×3ピクセルの大きさの画像フィルタを適用することを考えます。
　ここで言う3×3ピクセルの大きさの画像フィルタとは、入力画像のあるピクセルの周囲3×3ピクセルの範囲について、それぞれのピクセル値にある係数を掛けて足し合わせる計算を意味します（図1.32（2））。足し合わせた結果が、フィルタの出力となります。この計算を、図1.32（3）のように画像全域にわたって繰り返すのが、畳み込み計算です。

入力データの一部に対するフィルタ計算を繰り返して、出力画像を作成する

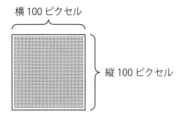

① 100×100 の合計 10,000 個のピクセルで画像を表現

② 10,000 点のうちの 1 点について、
　周囲 3×3 の領域に計算を繰り返す（フィルタの適用）

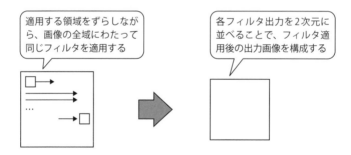

③ 上記の 3×3 のフィルタを、画像の全域にわたって適用する

入力データの一部に対するフィルタ計算を繰り返して、出力画像を作成する

■ 図 1.32　畳み込み計算

　畳み込み計算は、係数のパターンによって、元の画像の特徴を抽出する働きがあります（**図 1.33**）。たとえばフィルタの係数配置が縦方向に大きな値となっていれば、あるピクセル周辺の縦方向の成分が取り出されます。同様に、横方向の係数が大きな値であれば、ピクセル周辺の横方向成分が強調されて取り出されます。

この計算を画像の全域にわたって繰り返すのが畳み込み計算です。このように畳み込み計算は、同じ計算処理を入力データ全体にわたって繰り返すことで、入力データのある特徴を強調する計算です。

```
0 1 0
0 1 0
0 1 0
```
→縦方向成分を取り出す3×3フィルタ

```
0 0 0
1 1 1
0 0 0
```
→横方向成分を取り出す3×3フィルタ

■図1.33　3×3フィルタにおける係数の例

次に、畳み込みニューラルネットのプーリング層について説明します。プーリング層の計算も、畳み込み層と同様に、入力されたデータの全域にわたって簡単な計算を繰り返すことで処理を進めます。ただしプーリング層では、ある領域の平均値あるいは最大値などを取り出すフィルタを用います（**図1.34**）。この結果をまとめると、入力画像をぼかした出力画像を得ることができます。

畳み込み層では画像の特徴を取り出す計算を行いますが、プーリング層ではむしろ画像を平均化してぼかす働きがあります。つまりプーリング層は、局所的な特徴を最大値や平均値などの代表値で表現することで、入力データに含まれるちょっとした違いによらずに一般的な特徴を抽出するための処理を行っていることになります。

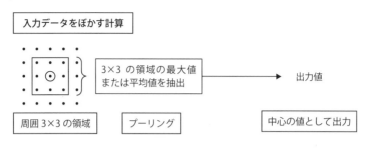

■図1.34　プーリング

　畳み込みニューラルネットでは、畳み込みとプーリングの処理を何層にもわたって繰り返します。多層構造のニューラルネットとすることで、大規模な学習データに対応することができます。

　この場合、畳み込みニューラルネットは学習の面でも一般のニューラルネットと比較して有利です。つまり、畳み込みのためのフィルタはサイズが小さいので層間の結合が単純になるとともに、各層内でのフィルタのパラメタは共通ですから、学習対象となる解の探索領域が非常に狭められます。この結果として、畳み込みニューラルネットの学習は一般のニューラルネットと比較して容易になるのです。

　畳み込みニューラルネットは、画像判別問題への適用で大きな成功を収めました。その後、画像の識別だけでなくさまざまな分野、たとえば自然言語処理においても、畳み込みニューラルネットを利用した文の特徴抽出が試みられています。

2.　自己符号化器

　自己符号化器（auto encoder）は、**図1.35**に示すような階層型ニューラルネットです。図のニューラルネットは、ニューロンが全結合した階層型ニューラルネットであり、特に工夫はありません。したがって自己符号化器自体は、深層学習が対象とする大規模なニューラルネットそのものではありません。後述するように深層学習では、自己符号化器のアイデアを使って学習方法やデータ表現を工夫することで、大規模なニューラルネットの学習に含まれる問題を解決しています。

　図1.35に示すように、自己符号化器は入力層と出力層は同数の人工ニューロンを含んでおり、中間層はそれより少ない個数の人工ニューロンから構成されています。

1.2 深層学習とは

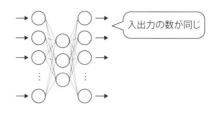

■図 1.35　自己符号化器

　自己符号化器の面白いところは、入力と出力が一致するように学習を進める点にあります（**図1.36**）。この場合、学習データを構成する入力データとお手本となる出力データは同一のものとなります。学習を進めると、最終的には、入力と出力が一致するニューラルネットができあがります。

　入力と出力が一致するということは、ニューラルネットの計算をしても入力として与えたデータがそのまま出力されるだけであり、計算結果としては何も得られないことになります。実は自己符号化器は入力データから出力データを計算するために利用するのではありません。自己符号化器では、中間層の出力を利用します。これは、中間層には、入力データを縮約した情報が表現されていると考えられるからです。

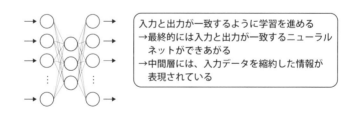

■図 1.36　自己符号化器の学習

　自己符号化器では、中間層は入力層よりも少ない個数の人工ニューロンで構成されています。それにも関わらず入力データから出力データが再構成できるということは、入力データの特徴を要約した表現が中間層で出現していることになります。言い換えれば、中間層の出力は入力データの特徴を保持したままデータ圧縮

した計算結果であると言えます。

　この特徴を利用すると、多層のニューラルネットを効率よく学習することが可能です。すなわち、まず3層の自己符号化器を作成して、自己符号化器としての学習を行います。次に出力層を外し、前段階の中間層を入力層として自己符号化器を構成し、再び自己符号化器として学習させます。これを繰り返すことで段階的に学習を進め、最終的に多層のニューラルネットを構成します（**図1.37**）。

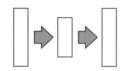

① 学習対象の最初の3層のみで自己符号化器を構成し、自己符号化器を学習

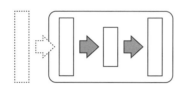

② 前段階の中間層を入力層として自己符号化器を構成、学習

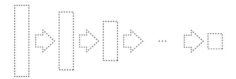

③ 上記を繰り返し、多層のネットワークを構築する

■図1.37　自己符号化器による多層のニューラルネットの学習

　自己符号化器のアイデアを自然言語処理に適用する方法も提案されています。たとえば、自己符号化器が入力情報を縮約するという性質を利用すると、自然言語処理において単語の意味表現をうまく扱える場合があります。これについては、次節で改めて紹介します。

1.3 自然言語処理における深層学習

第1章の最後に、自然言語処理において、ニューラルネットや深層学習の手法をどう適用するのかについて示します。

1.3.1 自然言語処理とニューラルネット・深層学習

ニューラルネットや深層学習の手法を用いて自然言語処理を行うためには、自然言語で記述されたデータをどのようにして数値に直すのかを考える必要があります。当然ながら、自然言語で記述されたデータは数値ではありません。しかし、深層学習の対象を含めて、ニューラルネットの入力は数値でなければなりません。そこで、自然言語データを数値に変換する方法が必要になります。

一つの方法は、**1-of-N**表現を用いて単語を表現する方法です。1-of-N表現では、ある単語を表現するためにN次元のベクトルを利用します。ここでNは、対象とする自然言語データに含まれる単語の種類の総数です。そして、ある単語を表現するには、その単語に対応するベクトルの要素を1とし、それ以外はすべて0とします。なお、一般には、Nの値は単語辞書の項目数と同じ値になりますから、数万から数十万になってしまいます。

図1.38に、1-of-N表現による単語表現の例を示します。ここでは簡単のため、単語が4種類しか表れない場合を考えます。つまり、Nが4であり、単語を表現するベクトルの次元、すなわち要素数は4となります。単語として、図1.12で示した四つの終端記号「りりしい」、「美しい」、「私は」、および「歩く」を取り上げます。

この場合、ベクトルの先頭要素を「りりしい」に対応させるとすると、「りりしい」という単語は1-of-N表現では（1,0,0,0）と表現されます。同様に、2番目の要素を「美しい」に対応させることで、単語「美しい」は1-of-N表現では（0,1,0,0）と表現されます。

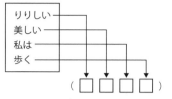

単語の種類（4種類、すなわち $N=4$）

4次元のベクトルによって単語を表現

りりしい → (1,0,0,0)
美しい　 → (0,1,0,0)
私は　　 → (0,0,1,0)
歩く　　 → (0,0,0,1)

■図 1.38　1-of-N 表現による単語表現

1-of-N 表現を用いて単語を表現できれば、単語の連なりである文を1-of-N 表現で表すこともできます。**図1.39**では、「私は歩く」や「美しい私は歩く」という複数の単語からなる文を、単語のベクトルを並べることで表現しています。

私は歩く
→　(0,0,1,0)
　　(0,0,0,1)

美しい私は歩く
→　(0,1,0,0)
　　(0,0,1,0)
　　(0,0,0,1)

■図 1.39　1-of-N 表現による文の表現

1-of-N 表現は基礎的で精密な表現ですが、情報の検索や意味の表現の立場からすると、扱いやすい表現とは言いがたい点があります。たとえば情報検索で似たような意味を持つ単語を含む文を探したい場合を考えます。1-of-N 表現で表された単語を検索すると、ある単語に完全に一致する単語を含む文は検索できますが、意味や用法が似たような単語を含む文を検索することはできません。また、1-of-N 表現は非常にデータ量の大きなデータ表現であり、かつその内容がほとんど0であ

ることも扱いにくい点の一つです。

　こうしたことから、1-of-N 表現を用途に応じて適宜拡張する方法が提案されています。たとえば、情報検索や単語の意味表現の立場から、**bag-of-words** という表現形式が提案されています。これは、ある文に含まれる単語のベクトル表現を加算することで一つのベクトルにまとめる表現です。つまり、一つの文に含まれる単語の 1-of-N 表現を集めて、**図 1.40** のようにベクトルの各要素を加算します。加算結果のベクトルは、ある文にどのような単語がいくつ含まれているかを表現しています。ただし、単語の出現順やつながりについての情報は失われてしまいます。またベクトルの各要素は、文に出現する単語の出現頻度（Term Frequency：TF）を表します。

■図 1.40　bag-of-words 表現

　一般に、一つの文に含まれる意味は一つであると考えられます。したがって、ある文に含まれる単語は、お互いに近い意味を持つものであると思われます。そこで、ある文がどのような意味を持っているかを表現したり、お互いに近い意味を持つ単語をまとめて表現したりするには、bag-of-words 表現は有用であると考えられます。

1.3.2　ニューラルネットを用いた単語意味表現

　単語の意味を表現する手法に、ニューラルネットを利用する方法もあります。こ

れは、自己符号化器による情報の縮約と類似の考え方で、ニューラルネットが学習した結果を用いて、単語の意味を表現するというアプローチです。

たとえば、ある文に含まれる連続した五つの単語を考えます。これらはお互いに近い意味を持つと考えられます。そこで、たとえば**図1.41**のように、あるn番目の単語nを中心として、前後二つずつの単語を入力データとし、出力を中心の単語nとしてニューラルネットを学習させます。この学習をさまざまなデータについて進めると、ある単語についてどのような単語集合の中で出現するかについての情報がニューラルネットに蓄積されます。こうして蓄積したニューラルネットのパラメタ集合を、ある単語の意味として利用します。このような表現方法を、**連続bag-of-words表現**（Continuous Bag-Of-Words：CBOW）と呼びます。

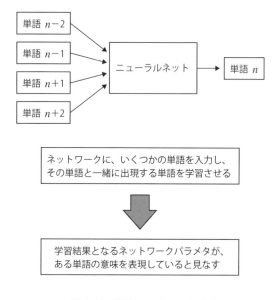

■ 図1.41　連続 bag-of-words 表現

また、連続 bag-of-words とは逆に、ある単語を与えるとその前後の単語の組み合わせが出力されるようなニューラルネットを構成して、学習結果をその単語の意味とすることもできます。このような表現を **skip-gram 表現**と呼びます（**図1.42**）。

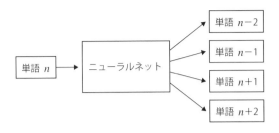

ある単語を入力として、その単語と一緒に出現する単語の集合を学習させる（連続 bag-of-words 表現の逆）

学習結果となるネットワークパラメタが、ある単語の意味を表現していると見なす

■図 1.42　skip-gram 表現

　連続 bag-of-words 表現や skip-gram 表現では、ニューラルネットを構成する人工ニューロンのパラメタの集まりが単語の意味表現となります。ニューラルネットの規模を適切に設定すると、パラメタの個数は単語の種類数と比較してごく少なく設定することが可能です。したがって、1-of-N 表現が非常に要素数の多い高次元のベクトルであるのに対して、連続 bag-of-words 表現や skip-gram 表現では低次元のベクトルを扱えばよいことになります。これは、深層学習における学習効率を改善しうる手がかりとなります。

　意味が類似する単語は同じような文脈で出現しますから、その意味を表現するベクトルも類似します。したがって、似たような意味の単語を探すことは似たようなベクトルを探す問題に置き換えることができます。ベクトルどうしの類似度は単純な計算で求めることができます。これらの手法で意味を表現するベクトルを作成する際には、単に例文を単語に分解してニューラルネットに与えるだけであり、人間が単語の意味を定義する必要はありません。また、類似度の計算も単純な算術計算であり、意味を扱う必要はありません。結局、人間が介在することなく、機械的な計算処理だけで単語の意味を扱うことができたことになります。さらに、ベクトルによる意味表現は、意味表現どうしの数値的な比較や、意味表現どうしの

加減算が可能となるなど、従来の意味表現では考えられなかった特徴を有しています。

連続bag-of-words表現やskip-gram表現は、word2vec[*1]などのツールを使うと試すことができます。

1.3.3　自然言語処理への深層学習の適用

さて、1-of-N表現などを用いて自然言語を数値に変換した後、その処理に深層学習を適用するにはどうすればよいでしょうか。本書では、以下の章で順にその方法を示します。

まず、深層学習手法適用の前提となる、日本語の取り扱い方法や単語の切り出し処理に関する話題を第2章で扱うことにします。次に第3章で、文の特徴抽出に対して畳み込みニューラルネットを適用する方法について例示します。さらに、階層型のニューラルネットを用いて単語の出現順序を扱うことのできるリカレントニューラルネット（Recurrent Neural Network：RNN）を自然言語処理に応用する方法を第4章で示します。これらを通して、自然言語処理と深層学習の関係を探ります（**図1.43**）。

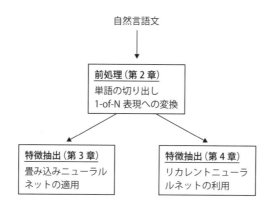

■図1.43　畳み込みニューラルネットやリカレントニューラルネットによる自然言語処理

[*1] word2vecについては、下記を参照してください（2017年2月現在）。
https://code.google.com/archive/p/word2vec/

第2章

テキスト処理による自然言語処理

本章では、自然言語で記述された文をプログラムで取り扱う、テキスト処理の方法を示します。具体的には、文字を単位として処理を行う方法を示したうえで、例題として文字の3-gramによる文の解析方法を示します。次に、単語を切り出す処理である形態素解析について述べ、その結果を利用して、1-of-N表現による単語表現を作成します。またこれらの応用例題として、文生成についても言及します。

2.1 自然言語文のテキスト処理

本節では、入力とする自然言語文から、深層学習手法の対象となる数値的表現を得る方法を説明します。入力とする自然言語文として、Windows環境で標準的なシフトJIS漢字コードによる表現を仮定します。

2.1.1 文字の処理

それでは最初に、文字単位の処理について見ていきましょう。文字単位の処理は、単語単位の処理や1-of-N表現による処理の基本となる処理方法です。

1. 自然言語テキストの表現

自然言語テキストは、文字の並びとして表現されます。ここで、文字は**文字コード**を使って表現されます。文字コードは、ある一文字を表現するための2進数による符号です。

文字コードは2進数の数値ですから、表現すべき文字の種類数によって、必要とされる数の範囲が決まります。たとえば表現対象となる文字がアルファベットや数字、および代表的な記号だけであれば、表現すべき文字の種類数はせいぜい数百種にすぎません。この場合、文字コードとして用いる2進数の範囲は、たとえば0から$2^8 - 1 = 255$までの範囲で十分です。そこで、英数字や記号一文字を表現するための文字コードには、2進数で8桁、すなわち1バイトを割り当てるのが一般的です。

英数字や記号だけでなく、日本語で使われるひらがなやカタカナ、そして漢字を表現するとなると、今度は文字の種類は数万種類に膨れ上がります。このため、日本語で使われる文字を表現するためには、一文字あたり2バイト、あるいはそれ以上を必要とします。したがって日本語の自然言語文は、1文字あたり数バイトの2進数の集まりとなります。

どの文字にどんな数値を割り当てるかは、文字コードの種類によって異なります。用途や目的に応じてさまざまな文字コードが提案されていますが、たとえばWindowsの日本語テキストファイルでは**シフトJIS漢字コード（Shift_JIS）**が用いられています。このほかにも、たとえばプログラムの内部処理では**Unicode**と呼ばれる文字コード体系が広く利用されています。またWebサイトの情報提供に

おいては**EUC（Extended UNIX Code）**が用いられることがありますし、電子メールなどネットワーク上の情報交換には**ISO-2022-JP**（いわゆる**JIS漢字コード**）が標準として用いられます。

　ここでは、Windowsのテキストファイルに格納された日本語文書を対象として処理を行うことを仮定し、処理対象とする文字コードをシフトJIS漢字コードに限定します。シフトJIS漢字コードで表現された日本語文の構造を**図2.1**に示します。

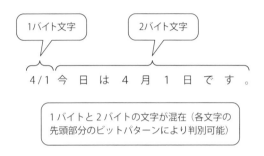

■図2.1　シフトJIS漢字コードによる日本語文の表現

　シフトJIS漢字コードでは、1文字は1バイトまたは2バイトで表現されます。主として、1バイトで表現される文字は英数字および記号であり、2バイトで表現される文字は漢字やその他の記号などです。一般に、1バイトで表現される文字を**半角文字**と呼び、2バイトで表現される文字を**全角文字**と呼びます。シフトJIS漢字コードによる日本語文書では、一般に半角文字と全角文字が混在しています。日本語を対象とした自然言語処理を行う立場からは、数字や記号などを表現する半角文字よりも、漢字やひらがな、カタカナを表す全角文字を、解析対象となる文書から抽出する必要があります。この方法を以下で説明します。

　シフトJIS漢字コードでは、ある1バイトの2進数で表現されたコードの値を調べると、その数値がそのまま1バイトの半角文字を表すのか、あるいは全角文字の1バイト目を表しているのかの区別を付けることができます。この区別は、以下のようにして判定することができます。ただし0xを書き出しとする数値は、それが16進数による表現であることを表しています。

> もし、ある1バイトの数値が
>   （0x81以上で0x9f以下）　または　（0xe0以上で0xef以下）
> ならば、その数値は全角文字の1バイト目を表している
> それ以外ならば、その数値は、全角文字以外を表している

この方法で判定が可能なのは、シフトJIS漢字コードの並びにおいては、**図2.2**のようにある特定の範囲に全角文字を固めて配置しているからです。

■図2.2　シフトJIS漢字コードの全角文字配置領域

この性質を利用すると、与えられたテキストの中から、解析対象となる全角日本語文字の部分を取り出すことができます。たとえば、**図2.3**のような文章が与えられたとします。この中には、解析対象となる全角日本語文字のほか、半角英数字や改行記号などが含まれています。そこで、図2.2の性質を利用して全角文字だけを取り出すプログラムを考えましょう。

2.1 自然言語文のテキスト処理

日本語テキスト（全角と半角が混在）

> 1.1.1
> 自然言語処理 (natural language processing) のうちで基本的かつ実用的な技術は、自然言語テキストの入力と編集を支援する技術でしょう。

→半角記号で表示されたタイトルなどを削除
→各行の行末にある改行記号（半角）を削除
→カッコ内の半角注釈削除

全角文字のみを取り出した結果

> 自然言語処理のうちで基本的かつ実用的な技術は、自然言語テキストの入力と編集を支援する技術でしょう。

■図2.3　シフトJIS漢字コードによる日本語テキストからの全角文字の抽出

　C言語のプログラムとして全角文字だけを取り出す手続きを実装すると、おおむね次のような処理内容となります。

全角文字だけを取り出す手続き (extraction.c)

以下を入力ファイルの終わりまで繰り返す
　　入力ファイルから1バイトのデータを読み込む
　　　もし入力データが全角文字の1バイト目ならば、次の1バイトのデータとともに出力

　この処理をC言語のプログラムとして実装すると、**リスト2.1**のようになります。このextraction.cプログラムは、main()関数とis2byte()関数から構成されます。ここでis2byte()関数は、与えられた引数が全角文字の1バイト目かどうかの判定（0x81以上で0x9f以下、または0xe0以上で0xef以下）を行い、結果を記号定数TRUEまたはFALSEで返します。

■リスト2.1　シフトJIS漢字コードによる日本語テキストから全角文字を抽出するextraction.c
プログラム

```
 1:/*********************************************/
 2:/*           extraction.c                    */
 3:/*   Shift_JIS漢字コード用全角文字抽出器       */
 4:/*   Shift_JISで記述されたファイルから          */
 5:/*   全角データのみ抽出します                   */
 6:/* 使い方                                      */
 7:/*C:\Users\odaka\ch2>extraction < text1.txt   */
 8:/*********************************************/
 9:
10:/*Visual Studioとの互換性確保 */
11:#define _CRT_SECURE_NO_WARNINGS
12:
13:/*ヘッダファイルのインクルード*/
14:#include <stdio.h>
15:#include <stdlib.h>
16:
17:/* 記号定数の定義              */
18:#define TRUE 1
19:#define FALSE 0
20:
21:/* 関数のプロトタイプの宣言     */
22:int is2byte(int chr);/*全角文字の1バイト目かどうかの判定*/
23:
24:/****************/
25:/*  main()関数   */
26:/****************/
27:int main()
28:{
29:  int chr;/*入力文字*/
30:
31:  /*データを読み込んで1文字ずつ出力する*/
32:  while((chr=getchar())!=EOF){
33:    if(is2byte(chr)==TRUE){
34:      /*全角（2バイト）出力*/
35:      putchar(chr);
36:      putchar(getchar());
37:    }
```

2.1 自然言語文のテキスト処理

■リスト2.1 （つづき）

```
38: }
39:
40: return 0;
41:}
42:
43:/*********************************/
44:/*  is2byte()関数                 */
45:/*全角文字の1バイト目かどうかの判定    */
46:/*********************************/
47:int is2byte(int c)
48:{
49: if(((c>=0x81)&&(c<=0x9F))||(c>=0xe0)&&(c<=0xef))
50:   return TRUE;/*2バイト文字*/
51: return FALSE;/*1バイト文字*/
52:}
```

extraction.cプログラムの実行例を**実行例2.1**に示します。ここでは、text1.txtファイルに格納されたシフトJIS漢字コードによる日本語テキストから、全角文字だけを取り出す過程が示されています。

■実行例2.1　extraction.cプログラムの実行例

```
C:\Users\odaka\ch2>type text1.txt
1.1.1
自然言語処理(natural language processing)のうちで基本的かつ実用的な技術は、
自然言語テキストの入力と編集を支援する技術でしょう。

C:\Users\odaka\ch2>extraction < text1.txt
自然言語処理のうちで基本的かつ実用的な技術は、自然言語テキストの入力と編集を支
援する技術でしょう。
C:\Users\odaka\ch2>
```

> 処理対象のtext1.txtファイルの内容（text1.txtファイルには全角文字と半角文字が混在している）

> extraction.cプログラムの実行（全角文字だけが抽出される）

extraction.cプログラムを少し変更すると、全角文字のn-gram表現を作成することができます。まず、全角文字の1-gramの作成方法を考えましょう（**図2.4**）。

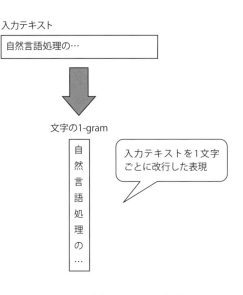

■図2.4　文字の1-gramの作成

　図2.4に示すように、文字の1-gramは入力テキストを1文字ごとに改行した表現です。そこで、extraction.cプログラムの処理を次のように変更することで、全角文字と半角文字が混在したテキストから、全角文字の1-gram表現を得ることができます。1-gram表現を得るための変更点はごくわずかで、1文字ごとに改行を出力する部分を追加するだけです。

文字の1-gram表現を作成する手続き（make1gram.c）

以下を入力ファイルの終わりまで繰り返す
　入力ファイルから1バイトのデータを読み込む
　　もし入力データが全角文字の1バイト目ならば、以下を実行
　　　次の1バイトのデータとともに出力
　　　改行を出力（1-gramの区切り）

　この処理をC言語のプログラムとして実装すると、**リスト2.2**のようになります。また、make1gram.cプログラムの実行例を**実行例2.2**に示します。

2.1 自然言語文のテキスト処理

■ リスト 2.2　文字の 1-gram を作成する make1gram.c プログラム

```
 1:/************************************************/
 2:/*          make1gram.c                         */
 3:/*   Shift_JIS漢字コード用文字1-gram生成器       */
 4:/*   Shift_JISで記述されたファイルから           */
 5:/*   全角データのみ抽出して1-gramを生成します    */
 6:/*  使い方                                      */
 7:/*C:\Users\odaka\ch2>make1gram < text1.txt      */
 8:/************************************************/
 9:
10:/*Visual Studioとの互換性確保 */
11:#define _CRT_SECURE_NO_WARNINGS
12:
13:/*ヘッダファイルのインクルード*/
14:#include <stdio.h>
15:#include <stdlib.h>
16:
17:/* 記号定数の定義           */
18:#define TRUE 1
19:#define FALSE 0
20:
21:/* 関数のプロトタイプの宣言  */
22:int is2byte(int chr);/*全角文字の1バイト目かどうかの判定*/
23:
24:/*****************/
25:/*  main()関数   */
26:/*****************/
27:int main()
28:{
29: int chr ;/*入力文字*/
30:
31: /*データを読み込んで1文字ずつ出力する*/
32: while((chr=getchar())!=EOF){
33:  if(is2byte(chr)==TRUE){/*全角文字なら*/
34:    putchar(chr);
35:    /*全角文字の2byte目を出力*/
36:    putchar(getchar());
37:    putchar('\n');/*1-gramの区切り*/
38:  }
```

第2章 テキスト処理による自然言語処理

■ リスト2.2 （つづき）

```
39: }
40:
41: return 0;
42:}
43:
44:/********************************/
45:/*  is2byte()関数                */
46:/*全角文字の1バイト目かどうかの判定   */
47:/********************************/
48:int is2byte(int c)
49:{
50: if(((c>=0x81)&&(c<=0x9F))||(c>=0xe0)&&(c<=0xef))
51:   return TRUE;/*2バイト文字*/
52: return FALSE;/*1バイト文字*/
53:}
```

■ 実行例2.2　make1gram.cプログラムの実行例

2. 文字3-gramによる解析

次に、文字の3-gramを作成するプログラムを考えましょう。アルゴリズムは単純で、次のように考えます。

2.1 自然言語文のテキスト処理

文字の3-gram表現を作成する手続き（make3gram.c）

以下を入力ファイルの終わりまで繰り返す

   入力ファイルから1バイトのデータを読み込む

   もし入力データが全角文字の1バイト目ならば、以下を実行

     読み込んだ全角文字の1バイト目データをput3gram()関数に渡す

     次のデータを1バイト読み込んで、put3gram()関数に渡す

ここで、下請け処理を行うput3gram()関数の処理は次のようになります。

---

put3gram()関数の処理

   全角文字3文字分のキューに、引数を追加

   もし2バイトの区切りなら、キューに格納した3文字を出力

上記で、put3gram()関数は、関数内部に3文字分のキューを持っています。キューには逐次文字データを追加しますが、2バイト1文字分のデータが追加される都度、キューに格納された3文字のデータを3-gramとして出力します（**図2.5**）。

① 3-gram「自然言」を出力

② 文字データを1文字キューに追加

③ 3-gram「然言語」を出力

2バイト1文字分のデータが追加される都度、キューに格納された3文字のデータを3-gramとして出力する

■ 図2.5　put3gram()関数の処理

以上の考え方で作成したmake3gram.cプログラムを**リスト2.3**に示します。

■リスト2.3　make3gram.cプログラムのソースコード

```
 1:/************************************************/
 2:/*            make3gram.c                       */
 3:/*   Shift_JIS漢字コード用文字3-gram生成器       */
 4:/*   Shift_JISで記述されたファイルから           */
 5:/*   全角データのみ抽出して3-gramを生成します    */
 6:/*  使い方                                       */
 7:/*C:¥Users¥odaka¥ch2>make3gram <text1.txt        */
 8:/************************************************/
 9:
10:/*Visual Studioとの互換性確保 */
11:#define _CRT_SECURE_NO_WARNINGS
12:
13:/*ヘッダファイルのインクルード*/
14:#include <stdio.h>
15:#include <stdlib.h>
16:
17:/* 記号定数の定義              */
18:#define TRUE 1
19:#define FALSE 0
20:#define N 6 /*n-gramのnの２倍*/
21:
22:/* 関数のプロトタイプの宣言    */
23:int is2byte(int chr);   /*全角文字の1バイト目かどうかの判定*/
24:void put3gram(int chr);/*3-gramの出力*/
25:int invert(int flag);  /*フラグの反転*/
26:
27:/*****************/
28:/*  main()関数   */
29:/*****************/
30:int main()
31:{
32: int chr;/*入力文字*/
33:
34:  /*データを読み込んで1文字ずつ出力する*/
35:  while((chr=getchar())!=EOF){
36:   if(is2byte(chr)==TRUE){
```

■ リスト 2.3 （つづき）

```
37:    /*put3gram()関数による出力*/
38:    put3gram(chr);
39:    put3gram(getchar());
40:   }
41: }
42:
43: return 0;
44:}
45:
46:/*******************************/
47:/*  invett()関数                */
48:/*  flagの反転                  */
49:/*******************************/
50:int invert(int flag)
51:{
52: if(flag==FALSE)
53:  return TRUE;
54: return FALSE;
55:}
56:
57:/*******************************/
58:/*  put3gram()関数              */
59:/*  3-gramの出力                */
60:/*******************************/
61:void put3gram(int c)
62:{
63: static char queue[N]="    ";/*出力用のキュー*/
64: static int flag=FALSE;      /*出力のタイミング制御*/
65: int i;                       /*繰り返しの制御*/
66:
67: /*キューにデータを追加*/
68: for(i=0;i<N-1;++i)
69:   queue[i]=queue[i+1];
70: queue[N-1]=c;/*データ追加*/
71:
72: /*2バイトの区切りなら出力*/
73: if(flag==TRUE){
74:   for(i=0;i<N;++i)
```

第2章 テキスト処理による自然言語処理

■ リスト 2.3 （つづき）

```
75:    putchar(queue[i]);
76:    putchar('¥n');
77:  }
78: /*フラグ反転*/
79:  flag=invert(flag);
80:}
81:
82:/******************************/
83:/*  is2byte()関数              */
84:/*全角の1バイト目かどうかの判定  */
85:/******************************/
86:int is2byte(int c)
87:{
88:  if(((c>0x80)&&(c<0xA0))||(c>0xDF)&&(c<0xF0))
89:    return TRUE;/*2バイト文字*/
90:  return FALSE;/*1バイト文字*/
91:}
```

make3gram.cプログラムの実行例を**実行例2.3**に示します。

■ 実行例 2.3　make3gram.c プログラムの実行例

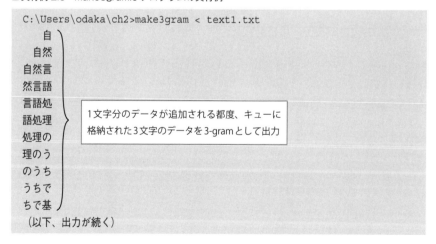

第1章で示したように、3-gramを使うと文書の解析を行うことができます。そのためには、3-gramを分類して、出現頻度ごとに集計する処理が必要となります。

この処理は、次のような手順で実施します。

> ①3-gramの生成（make3gram.cプログラム）
> 　　↓
> ②辞書順に3-gramを整列
> 　　↓
> ③同じ3-gramを1行にまとめて、繰り返し回数を行頭に付加
> 　　↓
> ④行頭の繰り返し回数で降順に整列

上記手続きのうち、②では、文書の中に出現した3-gramを一定の規則に従って整列します。この結果、**実行例2.4**に示すように、複数回出現する3-gramは1ヵ所に集められるので、同じ3-gramが複数行にわたって繰り返されることになります。この処理は、Windowsに標準装備のsortコマンドを利用して行うことができます。

■実行例2.4　3-gramの出現頻度解析（1）

■実行例2.4 (つづき)

```
C:\Users\odaka\ch2>make3gram < text2.txt | sort
  す
  すも
  すもも
  のうち
  ものう
  ももの
  もも
  もも
  もも
  もも
  もも
  もも

C:\Users\odaka\ch2>
```

sortコマンドを用いて、3-gramを並び替える

次に手続きの③では、同じ3-gramを1行にまとめて繰り返し回数を行頭に付加します。これにより、それぞれの3-gramの出現回数が求まります(**実行例2.5**)。この処理には、Unixでは標準的なコマンドであるuniqコマンドに-cオプションを使うことができます。Windows環境では対応するコマンドがありませんので、Unixのuniqコマンドに-cオプションを付けた場合と同じ働きをする、uniqc.cプログラムのソースコードを付録Aに示します。

■実行例2.5　3-gramの出現頻度解析(2)

```
C:\Users\odaka\ch2>make3gram < text2.txt | sort | uniqc
1       す
1       すも
1       すもも
1       のうち
1       ものう
1       ももの
6       もも
C:\Users\odaka\ch2>
```

uniqc.cプログラムを用いて、同一3-gramの繰り返し回数を行頭に付加

最後に手順④では、行頭の繰り返し回数で降順に整列します。**実行例2.6**にこ

の処理を示します。この処理では、先頭の数値によって降順に整列します。Unixではsortコマンドに-nオプションを付加することでこの処理が可能しとなります。Windows環境で同様の処理を行うプログラムであるsortn.cプログラムのソースコードを付録Bに示します。

■実行例2.6　3-gramの出現頻度解析（3）

```
C:\Users\odaka\ch2>make3gram < text2.txt | sort | uniqc | sortn
6       もも も
1       すもも
1       のうち
1       ものう
1       ももの
1        すも
1         す

C:\Users\odaka\ch2>
```

sortn.cプログラムを用いて、3-gramの出現頻度順に整列

2.1.2　単語の処理

前節までで文字を扱う準備が整いましたので、次に単語の処理に進みましょう。初めに文から単語を切り出す方法を示し、その結果を利用して単語の2-gramを作成します。

1.　単語1-gramの取得

第1章で述べたように、自然言語処理の世界では、単語を基礎単位として処理を進めるモデルがよく用いられます。そこで、文から単語を抽出する方法が必要となります。しかし英語と異なり、日本語では単語を空白で区切るような記法は用いません。そこで以下では、何らかの方法で、日本語で記述された自然言語文の基礎単位となる単語を切り出す方法を考えます。

一つの簡単な方法として、文を字種で区切る手法があります。**図2.6**にこの方法の実行例を示します。ここでは字種として、漢字、カタカナ、句読点、およびその他の文字を仮定します。句読点をその他の文字と区別して扱うのは、句読点は必ず単語の区切りになるからです。

自然言語処理のうちで基本的かつ実用的な技術は、自然言語テキストの入力と編集を支援する技術でしょう。

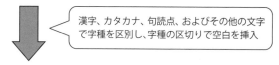

自然言語処理　のうちで　基本的　かつ　実用的　な　技術　は　、　自然言語テキスト　の　入力　と　編集　を　支援　する　技術　でしょう　。

■図2.6　文を字種で区切る手法による単語の切り出し例

　図2.6では、文頭の「自然言語処理」という一連の単語からなる文字列を一まとまりの単語として切り出しています。続いて、漢字カタカナ以外の文字種であるひらがなの連続する文字列である「のうちで」を単語としています。以下、字種が変わるごとに単語の区切りとしています。

　以上のような処理をプログラムで行うには、シフトJIS漢字コードの配列上の特徴を利用します。シフトJIS漢字コードでは、漢字とカタカナが配置された領域は**表2.1**のようになっています。そこでこれらの特徴を利用することで、字種の区別が可能です。

■表2.1　シフトJIS漢字コードにおける、漢字とカタカナの配置

数値の範囲	字種
0x8800以上	漢字
0x8340〜0x8396	カタカナ

　表2.1の配置情報に加えて句読点の処理を別途行うことで、図2.6のような単語切り出しに必要な条件判定が可能となります。具体的は、次のような処理を行います。

字種による単語切り出し手続き（makew1gram.c）

以下を入力ファイルの終わりまで繰り返す
　　入力ファイルから1バイトのデータを読み込む
　　　　もし入力データが全角文字の1バイト目ならば、以下を実行
　　　　　　もし字種が変わっていたら改行を出力（単語の区切り）
　　　　　　次の1バイトのデータとともに出力

上記の手続きで、字種の判定手続きは以下のとおりです。

字種判定手続き（typep()関数）

全角文字の1バイト目をchr1、2バイト目をchr2とする

もし(chr1>=0x88)ならば漢字である

もし((chr1==0x83)&&(chr2>=0x40)&&(chr2<=0x96))ならばカタカナである

もし与えられた全角文字が「、」「。」「，」「．」ならば句読点である

上記いずれにも合致しなければ、その他の字種である

以上の手続きをまとめてプログラムとして表現した例を**リスト2.4**に示します。

■リスト2.4　makew1gram.c プログラム

```
 1:/***************************************************/
 2:/*           makew1gram.c                           */
 3:/*  Shift_JIS漢字コード用単語1-gram生成器            */
 4:/*  Shift_JISで記述されたファイルから                */
 5:/*    全角データのみ抽出して単語1-gramを生成します   */
 6:/*  使い方                                          */
 7:/*C:\Users\odaka\ch2>makew1gram < text1.txt         */
 8:/***************************************************/
 9:
10:/*Visual Studioとの互換性確保 */
11:#define _CRT_SECURE_NO_WARNINGS
12:
13:/*ヘッダファイルのインクルード*/
14:#include <stdio.h>
15:#include <stdlib.h>
16:#include <string.h>
17:
18:/* 記号定数の定義              */
19:#define TRUE 1
20:#define FALSE 0
21:#define KANJI 0    /*字種は漢字*/
22:#define KATAKANA 1/*字種はカタカナ*/
23:#define KUTOUTEN 2/*字種は句読点*/
24:#define SONOTA 3   /*字種は上記以外*/
```

■リスト 2.4 （つづき）

```
25:
26:/* 関数のプロトタイプの宣言      */
27:int is2byte(int chr);/*全角の1バイト目かどうかの判定*/
28:int typep(int chr1,int chr2);/*字種の判定*/
29:
30:/****************/
31:/*  main()関数    */
32:/****************/
33:int main()
34:{
35:  int chr1,chr2;   /*入力文字*/
36:  int now,last=-1;/*字種の記憶*/
37:
38:  /*データを読み込んで1文字ずつ出力する*/
39:  while((chr1=getchar())!=EOF){
40:    if(is2byte(chr1)==TRUE){
41:      chr2=getchar();
42:      now=typep(chr1,chr2);
43:
44:      /*全角（2バイト）出力*/
45:      if(now!=last){
46:        putchar('\n');/*1-gramの区切り*/
47:        last=now;
48:      }
49:      putchar(chr1);
50:      putchar(chr2);
51:    }
52:  }
53:
54:  return 0;
55:}
56:
57:/******************************/
58:/*  typep()関数                */
59:/*  字種の判定                 */
60:/******************************/
61:int typep(int chr1,int chr2)
62:{
```

■ リスト2.4 （つづき）

```
63: char chr[3]="  ";/*句読点判定用*/
64:
65: chr[0]=chr1; chr[1]=chr2; /*文字の設定*/
66: /*字種の判定*/
67: if(chr1>=0x88)
68:   return KANJI;/*漢字*/
69: else if((chr1==0x83)&&(chr2>=0x40)&&(chr2<=0x96))
70:   return KATAKANA;/*カタカナ*/
71: else if((strncmp(chr,"。",2) ==0) ||
72:         (strncmp(chr,". ",2) ==0) ||
73:         (strncmp(chr,"、",2) ==0) ||
74:         (strncmp(chr,", ",2) ==0))
75:   return KUTOUTEN;/*句読点*/
76: return SONOTA;/*その他*/
77:}
78:
79:/*****************************/
80:/*  is2byte()関数              */
81:/*全角の1バイト目かどうかの判定   */
82:/*****************************/
83:int is2byte(int c)
84:{
85: if(((c>0x80)&&(c<0xA0))||(c>0xDF)&&(c<0xF0))
86:   return TRUE;/*2バイト文字*/
87: return FALSE;/*1バイト文字*/
88:}
```

リスト2.4のmakew1gram.cプログラムの実行例を**実行例2.7**に示します。

■ 実行例2.7　makew1gram.c プログラムの実行例（1）

```
C:\Users\odaka\ch2>makew1gram < text1.txt

自然言語処理
のうちで
基本的
かつ
実用的
```

■ 実行例 2.7 （つづき）

実行例2.7の実行例は一見もっともな結果に見えますが、実は単語として不適切な切り出し結果となる場合もあります。**実行例2.8**では、入力文全体が同一字種の連続なので区切りを見つけることができず、切り出しが全くできません。makew1gram.cプログラムは非常に単純な処理しか行っていないので、このような限界があります。

■ 実行例 2.8　makew1gram.c プログラムの実行例（2）

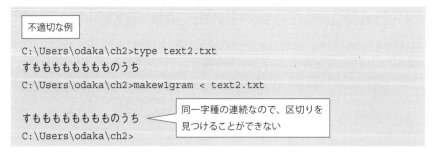

より適切な単語切り出しを行おうとすると、より深い言語的知識や辞書による解析が必要となります。本書ではこれらの技術についてはこれ以上追求しませんが、

2.1 自然言語文のテキスト処理

これらの解析は形態素解析ツールを用いることで手軽に行うことが可能です。

実行例2.9に、**MeCab**[*1]という**形態素解析**ツールを使った例を示します。ここでは、extraction.cプログラムを用いてtext1.txtファイルから全角文字を抽出し、その結果をmecabコマンドに与えることで形態素の切り出しを行っています。MeCabを用いると、単に単語を切り出すだけでなく、それぞれの単語の読みや文法的役割、単語の原型などの情報も得ることができます。また、-O wakatiオプションを付加することにより、単語の切り出しのみを実行させることも可能です。

■ 実行例2.9　MeCab（形態素解析ツール）を使った例

```
C:\Users\odaka\ch2>extraction < text1.txt | mecab
自然    名詞,形容動詞語幹,*,*,*,*,自然,シゼン,シゼン
言語    名詞,一般,*,*,*,*,言語,ゲンゴ,ゲンゴ
処理    名詞,サ変接続,*,*,*,*,処理,ショリ,ショリ
の      助詞,連体化,*,*,*,*,の,ノ,ノ
うち    名詞,非自立,副詞可能,*,*,*,うち,ウチ,ウチ
で      助詞,格助詞,一般,*,*,*,で,デ,デ
（以下、出力が続く）
```

> -O wakatiオプションにより、単語の切り出しのみを実行させることも可能

```
C:\Users\odaka\ch2>extraction < text1.txt | mecab -O wakati
自然 言語 処理 の うち で 基本 的 かつ 実用 的 な 技術 は 、 自然 言語 テキスト の 入力 と 編集 を 支援 する 技術 でしょう 。

C:\Users\odaka\ch2>type text2.txt
すもももももももものうち
C:\Users\odaka\ch2>mecab < text2.txt
すもも  名詞,一般,*,*,*,*,すもも,スモモ,スモモ
も      助詞,係助詞,*,*,*,*,も,モ,モ
もも    名詞,一般,*,*,*,*,もも,モモ,モモ
も      助詞,係助詞,*,*,*,*,も,モ,モ
もも    名詞,一般,*,*,*,*,もも,モモ,モモ
の      助詞,連体化,*,*,*,*,の,ノ,ノ
うち    名詞,非自立,副詞可能,*,*,*,うち,ウチ,ウチ
EOS
```

> 同じ字種の連続でも、単語（形態素）に切り分けることができる

[*1] MeCabは、京都大学情報学研究科と日本電信電話株式会社コミュニケーション科学基礎研究所によって開発されたツールです。以下のWebサイトからダウンロード可能です（2017年2月現在）。
http://taku910.github.io/mecab/

■実行例2.9　(つづき)

```
C:\Users\odaka\ch2>
```

2. 単語2-gramによる解析

　これまでに示したいずれかの方法で単語を切り出せると、その結果を用いて単語のn-gramによる解析が可能となります。その手順は、文字のn-gramを解析した場合と同様です。この処理は、次のような手順となります。

---
①単語の1-gramから単語2-gramを生成（tow2gram.cプログラム）
　　　　↓
②辞書順に2-gramを整列（sortコマンド）
　　　　↓
③同じ2-gramを1行にまとめて、繰り返し回数を行頭に付加（unic.cプログラム）
　　　　↓
④行頭の繰り返し回数で降順に整列（sortn.cプログラム）

　上記手順によって単語2-gramの頻度を集計した例を**実行例2.10**に示します。ここでは本書冒頭部部分の解析結果を示しています。頻度の上位には文末の「です->。」や、図番号の一部などが挙がっていますが、その後には「自然言語処理技術->の」や「の->抽出」「の->技術」、あるいは「対話応答->システム」といった特徴的な2-gramが検出されています。

■実行例2.10　単語2-gramの頻度解析例

```
C:\Users\odaka\ch2>makew1gram < ch11.txt | tow2gtam | sort | uniqc
| sortn
   7       1->.
   7       です->。
   6       図->1
   5       文書->の
   4       ー->ジ
   4       ワ->ー
   4       インタフェ->ー
```

■ 実行例 2.10 （つづき）

```
4       ー->ス
4         ->自然言語処理
4       、->文書
4       。->また
4       ペ->ー
4       自然言語処理技術->の
4       ー->ドプロセッサ
3       の->抽出
3       の->入力
3       の->技術
3       は->、
3       。->検索
3       文書どうし->の
3       による->情報検索
3       また->、
3       対話応答->システム
（以下、出力が続く）
```

上記処理過程では、①の単語の1-gramからの単語2-gramの生成過程で、tow2gram.cプログラムを利用しています。tow2gram.cプログラムのソースコードと実行例を、それぞれ**リスト2.5**および**実行例2.11**に示します。

■ リスト 2.5　tow2gram.c プログラムのソースコード

```
 1:/************************************************/
 2:/*       tow2gram.c                             */
 3:/*   makew1gram.cプログラムの出力結果から         */
 4:/*   単語の2-gramを生成します                    */
 5:/*   使い方                                      */
 6:/*C:¥Users¥odaka¥ch2>makew1gram<t.txt|tow2gram   */
 7:/************************************************/
 8:
 9:/*Visual Studioとの互換性確保 */
10:#define _CRT_SECURE_NO_WARNINGS
11:
12:/*ヘッダファイルのインクルード*/
13:#include <stdio.h>
```

■リスト2.5 （つづき）

```
14:#include <stdlib.h>
15:#include <string.h>
16:
17:/* 記号定数の定義           */
18:#define N 256 /*単語1-gramのバイト長*/
19:
20:/****************/
21:/*  main()関数   */
22:/****************/
23:int main()
24:{
25: char w1[N]="",w2[N]="";/*入力された単語(1-gram)*/
26:
27: /*データを読み込んで単語2-gramを出力する*/
28: while(scanf("%s",w2)!=EOF){
29:   printf("%s->%s¥n",w1,w2);
30:   strncpy(w1,w2,N);/*入力された単語を保存*/
31: }
32: return 0;
33:}
```

■実行例2.11　tow2gram.c プログラムの実行例

```
C:\Users\odaka\ch2>makew1gram < ch11.txt | tow2gtam
->
->自然言語処理
自然言語処理->()は
()は->、
、->コンピュ
コンピュ->ー
ー->タプログラム
タプログラム->を
を->用
用->いて
いて->自然言語
自然言語->を
を->処理
処理->する
```

■実行例 2.11 （つづき）
```
する->技術
技術->です
です->。
（以下、出力が続く）
```

2.1.3　1-of-N 表現の処理

　ここまでの準備で、自然言語文から単語を切り出す処理が実現できました。次に、単語をニューラルネットに入力することを目的として、単語を 1-of-N 表現に変換する方法を考えます。また、1-of-N 表現から bag-of-words 表現を作る方法も示します。

1.　1-of-N 表現

　前節で作成した makew1gram.c プログラムを用いると、文から単語を抽出することができます。抽出した単語をニューラルネットで扱うためには、単語を数値で表現しなければなりません。そこで次に、単語を 1-of-N 表現に変換する方法を考えます。第 1 章で述べたように、1-of-N 表現は数値を要素とするベクトルによる表現ですから、後述するニューラルネットにそのまま入力することが可能です。

　1-of-N 表現を作成するには、まず対象とする文書に含まれるすべての単語を分類集計する必要があります。その結果として、単語種別のリストと、総単語種類数が求まります。次にもう一度単語を読み込んで、それぞれの単語に対応した 1-of-N 表現のベクトルを求めます。

　例として、**図 2.7** の例を考えます。解析対処の文章として、図の (1) に示したものを取り上げます。これに対して makew1gram.c プログラムを適用することで単語を切り出します。さらに、単語の重複を除いて入力文に含まれる単語の集合を作成すると、図に示したような 45 種類の単語が抽出されます。ちなみに、元の文章に含まれる単語数は、句読点も入れて 76 個です。

　単語の種類が 45 種類ですから、1-of-N 表現のベクトルは、要素数が 45 個となります。あとは、それぞれの単語について対応する位置に値 1 をセットしたベクトルを作成します。その結果、図の (2) に示すような表現を得ます。

第2章 テキスト処理による自然言語処理

解析対象の文章

> 自然言語処理の技術を用いると、文書の要約や、文書どうしの類似性を評価することができます。文書要約においては、ある文書に含まれる用語のうちから文書の特徴を表す重要語を抽出したり、文書を表現する要約文を作成する技術が利用されています。また、こうした技術を用いて、複数の文書どうしの類似性を数値で評価する手法が提案されています。

入力単語集合

> 自然言語処理 の 技術 を 用いると、文書 要約 や どうしの 類似性 評価 する ことができます。文書要約 においては ある に 含 まれる 用語 のうちから 特徴 表す 重要語 抽出 したり 表現 する 要約文 作成 が 利用 されています また こうしたいて 複数 数値 で 手法 提案
> →単語語彙の数：45 種類

① **入力された単語集合について、単語種別のリストを生成する**
（単語の語彙数も求まる）

要素数 45 個のベクトルで表現

「自然言語処理」→
(1 0 0 0 0 0 0 0 0 0 0 0 0 0 0 0 0 0 0 0 0 0 0 0 0 0 0 0 0 0 0 0 0 0 0 0 0 0 0 0 0 0 0 0 0)

「の」→
(0 1 0 0 0 0 0 0 0 0 0 0 0 0 0 0 0 0 0 0 0 0 0 0 0 0 0 0 0 0 0 0 0 0 0 0 0 0 0 0 0 0 0 0 0)

「技術」→
(0 0 1 0 0 0 0 0 0 0 0 0 0 0 0 0 0 0 0 0 0 0 0 0 0 0 0 0 0 0 0 0 0 0 0 0 0 0 0 0 0 0 0 0 0)

② **それぞれの単語について、1-of-N表現を生成**

■図 2.7　単語の集合からの 1-of-N 表現の生成

以上の処理を手続きとしてまとめると、次のようになります。

2.1 自然言語文のテキスト処理

```
単語種別のリスト生成（単語の辞書への登録）
  単語1-gramの読み込み
    新出単語なら単語辞書に登録
1-of-N表現の生成
  単語1-gramの読み込み
    対応する場所のみを1とするベクトルを出力
```

上記に従って構成したmakevec.cプログラムを**リスト2.6**に示します。

■ リスト2.6 makevec.cプログラム

```
 1:/***********************************************/
 2:/*          makevec.c                          */
 3:/* 単語1-gramから,1-of-N表現を生成します        */
 4:/* 使い方                                       */
 5:/*C:\Users\odaka\ch2>makevec  (引数)            */
 6:/*引数では入出力ファイルを指定します            */
 7:/* 第一引数  入力ファイル （単語1-gram）        */
 8:/* 引数の指定が無い場合はw1gram.txtファイルを指定 */
 9:/* 第二引数  単語語彙を格納するファイル         */
10:/* 引数の指定が無い場合はvoc.txtファイルを指定   */
11:/***********************************************/
12:
13:/*Visual Studioとの互換性確保 */
14:#define _CRT_SECURE_NO_WARNINGS
15:
16:/*ヘッダファイルのインクルード*/
17:#include <stdio.h>
18:#include <stdlib.h>
19:#include <string.h>
20:
21:/* 記号定数の定義                */
22:#define TRUE 1
23:#define FALSE 0
24:#define LENGTH 64           /*単語の長さの上限*/
25:#define N 5000              /*単語の種類の上限*/
26:#define INPUTFILE "w1gram.txt"/*デフォルト入力ファイル*/
```

■リスト2.6 （つづき）

```
27:#define OUTPUTFILE "voc.txt"   /*デフォルト出力ファイル*/
28:
29:/* 関数のプロトタイプの宣言     */
30:int isnew(char word[],
31:        char dictionary[][LENGTH],int n);/*新規単語判別*/
32:void putvec(char word[],
33:        char dictionary[][LENGTH],int n);/*1-of-N出力*/
34:
35:/****************/
36:/*  main()関数   */
37:/****************/
38:int main(int argc,char *argv[])
39:{
40: char word[LENGTH*10];                /*単語の読み込み用*/
41: char dictionary[N][LENGTH];          /*単語を登録する辞書*/
42: int n=0;                             /*単語の種類数*/
43: FILE *fpi,*fpo;                      /*ファイルポインタ*/
44: char inputfile[LENGTH]=INPUTFILE;    /*入力ファイル名*/
45: char outputfile[LENGTH]=OUTPUTFILE;  /*出力ファイル名*/
46:
47: /*入力ファイル名の設定*/
48: if(argc>=2) strncpy(inputfile,argv[1],LENGTH);
49: if(argc>=3) strncpy(outputfile,argv[2],LENGTH);
50:
51: /*入力ファイルのオープン*/
52: if((fpi=fopen(inputfile,"r"))==NULL){
53:   /*ファイルオープン失敗*/
54:   fprintf(stderr,"%s:ファイルオープン失敗\n",inputfile);
55:   exit(1);
56: }
57:
58: /*出力ファイルのオープン*/
59: if((fpo=fopen(outputfile,"w"))==NULL){
60:   /*ファイルオープン失敗*/
61:   fprintf(stderr,"%s:ファイルオープン失敗\n",outputfile);
62:   exit(1);
63: }
64: /*データを読み込んで辞書に登録する*/
```

■ リスト2.6　（つづき）

```
 65: while(fscanf(fpi,"%s",word)!=EOF){
 66:   if(isnew(word,dictionary,n)==TRUE){   /*新しい単語なら*/
 67:     strncpy(dictionary[n],word,LENGTH);/*単語登録*/
 68:     ++n;                                /*単語数をカウントアップ*/
 69:   }
 70: }
 71: fprintf(stderr,"単語数 %d¥n",n);
 72: rewind(fpi);/*ファイル先頭に巻き戻す*/
 73:
 74: /* 1-of-N表現の出力*/
 75: while(fscanf(fpi,"%s",word)!=EOF){
 76:   putvec(word,dictionary,n);/*出力*/
 77: }
 78:
 79: /*語彙のファイル出力*/
 80: {
 81:   int i;
 82:   for(i=0;i<n;++i) fprintf(fpo,"%s¥n",dictionary[i]);
 83: }
 84: return 0;
 85:}
 86:
 87:/*******************************/
 88:/*   putvec()関数               */
 89:/* 1-of-N表現の出力             */
 90:/*******************************/
 91:void putvec(char word[],
 92:       char dictionary[][LENGTH],int n)
 93:{
 94: int i;/*ループ制御用変数*/
 95:
 96: for(i=0;i<n;++i){
 97:   if((strncmp(word,dictionary[i],LENGTH)==0)
 98:       && (strlen(word)==strlen(dictionary[i])))  /*一致*/
 99:     printf("1");
100:   else printf("0");
101:   printf(" ");
102: }
```

■リスト2.6 （つづき）

```
103: printf("\n");/*ベクトルの区切り*/
104:}
105:
106:/*****************************/
107:/*   isnew()関数               */
108:/*新規単語かどうかの判定        */
109:/*****************************/
110:int isnew(char word[],
111:      char dictionary[][LENGTH],int n)
112:{
113: int i;/*ループ制御用変数*/
114:
115: for(i=0;i<n;++i){
116:  if((strncmp(word,dictionary[i],LENGTH)==0)
117:       && (strlen(word)==strlen(dictionary[i]))) break;/*既登録*/
118: }
119: if(i<n) return FALSE;
120:
121: return TRUE;
122:}
```

　これまでに作成したプログラムでは、データの受け渡しは基本的に標準入出力を用いて実現してきました。これに対してmakevec.cプログラムでは、標準入出力に加えて、一部でファイルを介してデータを受け渡しています。**表2.2**にmakevec.cプログラムが利用するファイルなどについての説明を示します。

■ 表2.2　makevec.c プログラムが利用するファイルなど

ファイルなど	デフォルトファイル名	説明
単語1-gramによる入力ファイル	w1gram.txt	1-of-N表現の元になる、単語を改行や空白などで分かち書きした入力ファイル。デフォルトファイル名以外を指定する場合には、1番目のコマンド行引数として指定する
単語語彙を格納する出力ファイル	voc.txt	単語の重複を削除して、出現順に並べた出力ファイル。デフォルトファイル名（voc.txt）以外を指定する場合には、2番目のコマンド行引数として指定する

　makevec.cプログラムの動作例を**実行例2.12**に示します。実行例2.12では、2文からなる簡単な文章から1-of-N表現を生成しています。ここでは、元の文章が格納されたtext4.txtファイルについてmakew1gram.cプログラムを用いて単語を抽出し、その結果をw1gram.txtファイルに格納しています。その後、makevec.cプログラムを用いて1-of-N表現を生成しています。

　makevec.cプログラムの出力は、1-of-N表現による単語表現を出現順に並べたデータと、単語の重複を削除して出現順に並べた語彙のリストです。前者は標準出力を用いて出力されますので、後で利用するためには適宜リダイレクトを用いてファイルに格納する必要があります。実行例2.12では、プログラムの出力をmakevecout.txtという名称のファイルにリダイレクトによって格納しています。語彙のリストは指定したファイルに格納されますが、実行例2.12ではデフォルトのファイルであるvoc.txtファイルに語彙集合を格納しています。

■ 実行例2.12　makevec.c プログラムの動作例（1）

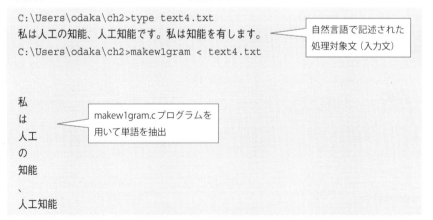

■ 実行例 2.12 （つづき）

```
です
。
私
は
知能
を
有
します
。
C:\Users\odaka\ch2>makew1gram < text4.txt > w1gram.txt
```
> makew1gram.c プログラムの出力結果を w1gram.txt ファイルに格納

```
C:\Users\odaka\ch2>makevec
単語数 12
1 0 0 0 0 0 0 0 0 0 0 0
0 1 0 0 0 0 0 0 0 0 0 0
0 0 1 0 0 0 0 0 0 0 0 0
0 0 0 1 0 0 0 0 0 0 0 0
0 0 0 0 1 0 0 0 0 0 0 0
0 0 0 0 0 1 0 0 0 0 0 0
0 0 0 0 0 0 1 0 0 0 0 0
0 0 0 0 0 0 0 1 0 0 0 0
0 0 0 0 0 0 0 0 1 0 0 0
1 0 0 0 0 0 0 0 0 0 0 0
0 1 0 0 0 0 0 0 0 0 0 0
0 0 0 1 0 0 0 0 0 0 0 0
0 0 0 0 0 0 0 0 0 1 0 0
0 0 0 0 0 0 0 0 0 0 1 0
0 0 0 0 0 0 0 0 0 0 0 1
0 0 0 0 0 0 0 0 1 0 0 0
```
> makevec.c プログラムを用いて 1-of-N 表現を生成

```
C:\Users\odaka\ch2>makevec > makevecout.txt
単語数 12

C:\Users\odaka\ch2>type voc.txt
私
は
人工
の
```
> makevec.c プログラムの出力（1-of-N 表現）を makevecout.txt ファイルに格納

> makevec.c プログラムによって作成された語彙の一覧（voc.txt ファイルに格納されている）

■ 実行例 2.12 （つづき）

```
知能
、
人工知能
です
。
を
有
します

C:\Users\odaka\ch2>
```

比較的簡単な文章に対する動作結果

　実行例2.12ではごく短い文章表現について1-of-N表現を作成しています。これに対して**実行例2.13**では、本書第1章のテキスト部分を抽出して1-of-N表現を作成しています。入力テキストは約40KBの日本語テキストからなるデータであり、9,000語あまりの単語から構成されています。実行例2.12と同様の処理を施すと、結果として1,876要素からなるベクトル表現が得られます。これらの出力結果は膨大になりますので、実行例2.13では、その一部だけを示しています。

■ 実行例 2.13　makevec.c プログラムの動作例（2）

```
C:\Users\odaka\ch2>type ch1.txt
第1章  自然言語処理と深層学習
```

本書第1章のテキスト部分

```
この章では、初めに自然言語処理とは何かについて述べ、自然言語処理を実現するため
にどのような研究が進められてきたかを概観します。次に機械学習の一手法である深層
学習について、どのような技術であるのかをいくつかの例を通して説明します。これら
を踏まえたうえで、自然言語処理と深層学習の関係を説明します。
　（以下、出力が続く）

C:\Users\odaka\ch2>makew1gram < ch1.txt > ch1w1gram.txt

C:\Users\odaka\ch2>makevec ch1w1gram.txt ch1voc.txt > ch1vec.txt
単語数  1872


C:\Users\odaka\ch2>type ch1vec.txt
```

■ 実行例 2.13 （つづき）　　　　　　　　　1,876要素からなる1-of-N表現（一部のみ）

```
1 0 0 0 0 0 0 0 0 0 0 0 0 0 0 0 0 0 0 0 0 0 0 0 0 0 0 0 0 0 0 0 0 0 0
0 0 0 0 0 0 0
0 0 0 0 0 0 0 0 0 0 0 0 0 0 0 0 0 0 0 0 0 0 0 0 0 0 0 0 0 0 0 0 0 0 0
0 0 0 0 0 0 0
0 0 0 0 0 0 0 0 0 0 0 0 0 0 0 0 0 0 0 0 0 0 0 0 0 0 0 0 0 0 0 0 0 0 0
0 0 0 0 0 0 0
0 0 0 0 0 0 0 0 0 0 0 0 0 0 0 0 0 0 0 0 0 0 0 0 0 0 0 0 0 0 0 0 0 0 0
0 0 0 0 0 0 0
0 0 0 0 0 0 0 0 0 0 0 0 0 0 0 0 0 0 0 0 0 0 0 0 0 0 0 0 0 0 0 0 0 0 0
0 0 0 0 0 0 0
0 0 0 0 0 0 0 0 0 0 0 0 0 0 0 0 0 0 0 0 0 0 0 0 0 0 0 0 0 0 0 0 0 0 0
0 0 0 0 0 0 0
0 0 0 0 0 0 0 0 0 0 0 0 0 0 0 0 0 0 0 0 0 0 0 0 0 0 0 0 0 0 0 0 0 0 0
0 0 0 0 0 0 0
0 0 0 0 0 0 0 0 0 0 0 0 0 0 0 0 0 0 0 0 0 0 0 0 0 0 0 0 0 0 0 0 0 0 0
0 0 0 0 0 0 0
0 0 0 0 0 0 0 0 0 0 0 0 0 0 0 0 0 0 0 0 0 0 0 0 0 0 0 0 0 0 0 0 0 0 0
0 0 0 0 0 0 0
（以下、出力が続く）
```

ある程度の規模の文章に対する動作結果

1-of-N表現はニューラルネットへの入力データとして用いるための表現であり、人間にとっては容易には理解できない表現形式です。そこで、1-of-N表現を人間にとってわかりやすい自然言語テキスト表現に戻す処理も用意する必要があります。このために、1-of-N表現を自然言語テキストに逆変換するプログラムであるmakes.cプログラムを作成します。

実行例2.14に示すように、makes.cプログラムは1-of-N表現を入力として受け取って文章を出力するプログラムです。実行例2.14では、実行例2.12に示す実行例で作成したmakevecout.txtファイルに含まれる1-of-N表現を、元の日本語の文章に再変換しています。

2.1 自然言語文のテキスト処理

■実行例 2.14　makes.c プログラムの動作例

```
C:\Users\odaka\ch2>type makevecout.txt
1 0 0 0 0 0 0 0 0 0 0 0
0 1 0 0 0 0 0 0 0 0 0 0
0 0 1 0 0 0 0 0 0 0 0 0
0 0 0 1 0 0 0 0 0 0 0 0
0 0 0 0 1 0 0 0 0 0 0 0
（以下、1-of-N表現が続く）

C:\Users\odaka\ch2>makes < makevecout.txt
単語数 12
私は人工の知能、人工知能です。私は知能を有します。
C:\Users\odaka\ch2>
```

makevecout.txtファイルには、1-of-N表現のデータが格納されている

makevecout.txtファイルと、単語語彙を格納したvoc.txtファイルから元の自然言語文を生成している

　makes.cプログラムが1-of-N表現を再変換する場合には、ベクトルの各要素がどのような単語を表現しているかについての情報が必要です。そこでmakes.cプログラムでは、makevec.cプログラムが出力した単語語彙に関するファイルを利用します。makes.cプログラムの処理内容は、**図2.8**に示すように、1-of-N表現のベクトルデータと、語彙に関するデータを照合して、対応する単語を順に出力するというものです。

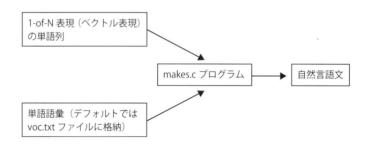

■図2.8　makes.c プログラムの処理内容

　makes.cプログラムでは、**表2.3**に示すファイルを利用して処理を進めます。

■表2.3　makes.cプログラムが利用するファイルなど

ファイルなど	デフォルトファイル名	説明
単語語彙	voc.txt	単語語彙を格納するファイル。デフォルトファイル名以外を指定する場合には、1番目のコマンド行引数として指定する
1-of-N表現 （ベクトル表現）	（標準入力）	入力データとなる1-of-N表現を格納したファイル。2番目のコマンド行引数として指定する。指定が省略された場合には、標準入力からデータを読み込む

makes.cプログラムを**リスト2.7**に示します。

■リスト2.7　makes.cプログラム

```
 1:/***************************************************/
 2:/*            makes.c                              */
 3:/* 1-of-N表現から，文を生成します                    */
 4:/* 使い方                                           */
 5:/*C:\Users\odaka\ch2>makes （引数）                 */
 6:/*引数では入力ファイルを指定します                   */
 7:/* 第一引数　単語語彙を格納するファイル              */
 8:/* 引数の指定が無い場合はvoc.txtファイルを指定       */
 9:/* 第二引数　入力ファイル（1-on-N表現）              */
10:/* 引数の指定が無い場合は標準入力を指定              */
11:/***************************************************/
12:
13:/*Visual Studioとの互換性確保 */
14:#define _CRT_SECURE_NO_WARNINGS
15:
16:/*ヘッダファイルのインクルード*/
17:#include <stdio.h>
18:#include <stdlib.h>
19:#include <string.h>
20:
21:/* 記号定数の定義              */
22:#define TRUE 1
23:#define FALSE 0
24:#define LENGTH 64        /*単語の長さの上限*/
25:#define N 10000          /*単語の種類の上限*/
26:#define VOCFILE "voc.txt"/*デフォルト単語語彙ファイル*/
27:
```

■ リスト 2.7 （つづき）

```
28:/****************/
29:/*  main()関数   */
30:/****************/
31:int main(int argc,char *argv[])
32:{
33:  char word[LENGTH*10];        /*単語の読み込み用*/
34:  char dictionary[N][LENGTH];  /*単語を登録する辞書*/
35:  int n=0;                     /*単語の種類数*/
36:  FILE *fpvoc,*fpi;            /*ファイルポインタ*/
37:  char inputfile[LENGTH];      /*入力ファイル名*/
38:  char vocfile[LENGTH]=VOCFILE;/*単語語彙ファイル名*/
39:  int e;                       /*入力ベクトルの要素の値*/
40:  int i;                       /*繰り返しの制御*/
41:
42:  /*入力ファイル名の設定*/
43:  fpi=stdin;
44:  if(argc>=2) strncpy(vocfile,argv[1],LENGTH);
45:  if(argc>=3) strncpy(inputfile,argv[2],LENGTH);
46:
47:  /*語彙ファイルのオープン*/
48:  if((fpvoc=fopen(vocfile,"r"))==NULL){
49:    /*ファイルオープン失敗*/
50:    fprintf(stderr,"%s:ファイルオープン失敗\n",vocfile);
51:    exit(1);
52:  }
53:
54:  /*入力ファイルのオープン*/
55:  if((argc>=3)&&(fpi=fopen(inputfile,"r"))==NULL){
56:    /*ファイルオープン失敗*/
57:    fprintf(stderr,"%s:ファイルオープン失敗\n",inputfile);
58:    exit(1);
59:  }
60:
61:  /*単語語彙データを読み込んで辞書に登録する*/
62:  while(fscanf(fpvoc,"%s",word)!=EOF){
63:    strncpy(dictionary[n],word,LENGTH);/*単語登録*/
64:    ++n;                               /*単語数をカウントアップ*/
65:  }
```

■ リスト2.7 （つづき）

```
66: printf("単語数 %d\n",n);
67:
68: /* 文の出力*/
69: i=0;
70: while(fscanf(fpi,"%d",&e)!=EOF){
71:   if(e==1) printf("%s",dictionary[i]);
72:   ++i;
73:   if(i>=n) i=0;
74: }
75:
76: return 0;
77:}
```

　以上のように、ここでは、1-of-N表現と自然言語テキストを相互変換するプログラム群を示しました。これらのプログラムと、それぞれのプログラムが利用するデータファイルの関係を、**図2.9**にまとめます。

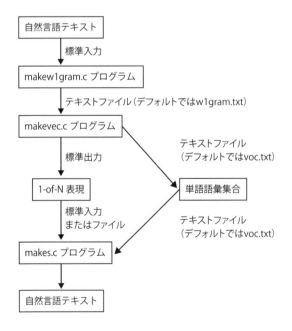

■ 図2.9　1-of-N表現と自然言語テキストを相互変換するプログラム群の関係

2. bag-of-words 表現

1-of-N 表現が得られると、bag-of-words 表現を作成することが可能です。つまり、与えられた複数の 1-of-N 表現形式のデータについて、各要素を加え合わせることで bag-of-words 表現を作成することができます（**図2.10**）。

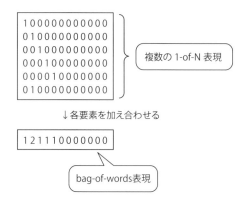

■ 図2.10　1-of-N 表現からの bag-of-words 表現の作成

複数の 1-of-N 表現データを読み込んで bag-of-words 表現のデータを作成する makebagofw.c プログラムを**リスト2.8**に示します。またその実行例を**実行例2.15**に示します。

■ リスト2.8　makebagofw.c プログラム

```
 1:/***************************************************/
 2:/*          makebagofw.c                           */
 3:/* bag-of-wordsを生成します                         */
 4:/* 使い方                                           */
 5:/*C:¥Users¥odaka¥ch2>makebagofw　(引数)              */
 6:/* 第一引数　単語語彙数　n                           */
 7:/* 第二引数　入力ファイル　（1-on-N表現）            */
 8:/* 引数の指定が無い場合は標準入力を指定              */
 9:/***************************************************/
10:
11:/*Visual Studioとの互換性確保 */
12:#define _CRT_SECURE_NO_WARNINGS
13:
```

■ リスト 2.8 （つづき）

```c
14:/*ヘッダファイルのインクルード*/
15:#include <stdio.h>
16:#include <stdlib.h>
17:#include <string.h>
18:
19:/* 記号定数の定義          */
20:#define TRUE 1
21:#define FALSE 0
22:#define N 1000     /*語彙（単語）の種類の上限*/
23:#define LENGTH 64  /*ファイル名の長さの上限*/
24:
25:/****************/
26:/*  main()関数   */
27:/****************/
28:int main(int argc,char *argv[])
29:{
30:  int n;                    /*単語の種類数*/
31:  FILE *fpi;                /*ファイルポインタ*/
32:  char inputfile[LENGTH];   /*入力ファイル名*/
33:  int e;                    /*ベクトルの要素の値*/
34:  int i=0;                  /*繰り返しの制御*/
35:  int bagofwords[N]={0};    /*bag-of-words表現*/
36:
37:  /*引数からの初期値の設定*/
38:  if(argc<2){
39:    /*引数が足りない*/
40:    fprintf(stderr,"使い方¥n >makenewvec "
41:            "単語種類数n  （ファイル名)¥n");
42:    exit(1);
43:  }
44:  fpi=stdin;                              /*デフォルトは標準入力*/
45:  n=atoi(argv[1]);                        /*語彙数をセット*/
46:  if(argc>2){                             /*入力ファイルのオープン*/
47:    strncpy(inputfile,argv[2],LENGTH);    /*入力ファイル*/
48:    if((fpi=fopen(inputfile,"r"))==NULL){
49:      /*ファイルオープン失敗*/
50:      fprintf(stderr,"%s:ファイルオープン失敗¥n",inputfile);
51:      exit(1);
```

■ リスト2.8 （つづき）

```
52: }
53: }
54:
55: /*1-of-N表現に基づく単語の並びの読み込み*/
56: while(fscanf(fpi,"%d",&e)!=EOF){
57:   bagofwords[i]+=e;
58:   ++i;
59:   if(i>=n) i=0;
60: }
61:
62: /*bag-of-words表現の出力*/
63: for(i=0;i<n;++i)
64:   printf("%d ", bagofwords[i]);
65: printf("¥n");
66:
67: return 0;
68:}
```

■ 実行例2.15　makebagofw.c プログラムの実行例

```
C:\Users\odaka\ch2>type makevecout.txt
1 0 0 0 0 0 0 0 0 0 0 0
0 1 0 0 0 0 0 0 0 0 0 0
0 0 1 0 0 0 0 0 0 0 0 0
0 0 0 1 0 0 0 0 0 0 0 0
0 0 0 0 1 0 0 0 0 0 0 0
0 0 0 0 0 1 0 0 0 0 0 0
0 0 0 0 0 0 1 0 0 0 0 0
0 0 0 0 0 0 0 1 0 0 0 0
0 0 0 0 0 0 0 0 1 0 0 0
1 0 0 0 0 0 0 0 0 0 0 0
0 1 0 0 0 0 0 0 0 0 0 0
0 0 0 0 1 0 0 0 0 0 0 0
0 0 0 0 0 0 0 1 0 0 0 0
0 0 0 0 0 0 0 0 0 1 0 0
0 0 0 0 0 0 0 0 0 0 0 1
0 0 0 0 0 0 0 0 1 0 0 0
```

■実行例2.15 （つづき）

```
C:\Users\odaka\ch2>makebagofw 12 makevecout.txt
2 2 1 1 2 1 1 1 2 1 1 1
C:\Users\odaka\ch2>
```
bag-of-words表現（各要素を加え合わせた結果）

2.2 単語2-gramによる文生成

　本章の最後に、1-of-N表現による単語系列を用いて、ランダムに新しい単語の並びを作成する方法を紹介します。この方法では、単語の2-gramデータを用いて単語を順に結合することで、新しい単語の連鎖系列、すなわち新しい文を作成します。

　この方法では、データとして単語の2-gramを用います。たとえば、**図2.11**のように12種類の単語2-gramが与えられたとします。ここで、「自然」という単語から始めて、これらの単語2-gramを利用して適当に単語をつなげる方法を考えます。すると、たとえば (2) のように「自然」から始めて、①⑤⑥⑦⑧⑨⑩と連鎖した場合には、「自然言語処理技術が存在します。」という文を生成することができます。同様に、同じく「自然」から始めても (4) のように連鎖させれば、「自然な技術があります。」という文が生成されます。

① **単語2-gram**
　①自然->言語
　②自然->な
　③な->技術
　④人工->言語
　⑤言語->処理
　⑥処理->技術
　⑦技術->が
　⑧が->存在
　⑨存在->します
　⑩します->。
　⑪技術->があります
　⑫あります->。

■図2.11　単語2-gramによる単語の並びの生成

2.2 単語2-gramによる文生成

② 「**自然**」から始めて、①⑤⑥⑦⑧⑨⑩と連鎖した場合

　自然->言語->処理->技術->が->存在->します->。
　　↓
　自然言語処理技術が存在します。

③ 「**自然**」から始めて、②③⑦⑧⑨⑩と連鎖した場合

　自然->な->技術->が->存在->します->。
　　↓
　自然な技術が存在します。

④ 「**自然**」から始めて、②③⑪⑫と連鎖した場合

　自然->な->技術->があります->。
　　↓
　自然な技術があります。

結果として文を生成する

■ 図2.11 （つづき）

　以上のような方法で文を作成するためには、単語の2-gramが必要です。ここで、先に作成したmakevec.cプログラムの出力のうちの1-of-N表現の単語出力結果は、単語2-gramを一列に並べた形式であると見なすことができます。

　たとえば**図2.12**で、1-of-N表現の1行目と2行目は、文頭単語2-gramである「私->は」を表しています。次の2行目と3行目は、「は->人工」という2-gramを表します。このように見なすと、makevec.cプログラムの1-of-N表現出力結果を単語2-gramの集合として扱うことが可能です。

makevec.cプログラムの出力（1-of-N表現）

私：100000000000　　｝私->は
は：010000000000
　　　　　　　　　　｝は->人工
人工：001000000000
　　　　　　　　　　｝人工->の
の：000100000000
　　　　　　　　　　｝の->知能
知能：000010000000
...

連続する2行は、単語2-gramを表現している

■ 図2.12　makevec.cプログラムの出力（1-of-N表現）を単語2-gramと見なす

以上のことから、makevec.cプログラムの出力を読み込んで、開始記号となる単語から順に単語の二項連鎖である単語2-gramをたどることで、単語の連鎖を生成することができます。具体的には、次のような処理を行います。

単語2-gramを用いてランダムに新しい文（1-of-N表現）を生成

1-of-N表現に基づく単語の並びの読み込み

開始記号sに対応する1-of-N表現を出力

以下を適当な回数繰り返す

　sにマッチする1-of-N表現をランダムな回数探索する

　sを1増やす（次の単語の位置に進む）

　sに対応する1-of-N表現を出力

この手続きをプログラムとして実装した例を**リスト2.9**に示します。

■リスト2.9　makenewvec.c プログラム

```
 1:/****************************************************/
 2:/*           makenewvec.c                            */
 3:/* ランダムに新しい文(1-of-N表現）を生成します       */
 4:/* 使い方                                            */
 5:/*C:\Users\odaka\ch2>makenewvec   (引数)             */
 6:/*引数では入力ファイルを指定します                   */
 7:/* 第一引数　単語語彙数 n                            */
 8:/* 第二引数　開始単語番号　s （ただし0<=s<n)         */
 9:/* 引数の指定が無い場合は0を指定                     */
10:/* 第三引数　入力ファイル　（1-on-N表現)             */
11:/* 引数の指定が無い場合は標準入力を指定              */
12:/****************************************************/
13:
14:/*Visual Studioとの互換性確保 */
15:#define _CRT_SECURE_NO_WARNINGS
16:
17:/*ヘッダファイルのインクルード*/
18:#include <stdio.h>
19:#include <stdlib.h>
20:#include <string.h>
21:
```

■ リスト2.9 （つづき）

```
22:/* 記号定数の定義              */
23:#define TRUE 1
24:#define FALSE 0
25:#define N 1000      /*語彙(単語)の種類の上限*/
26:#define WN 5000     /*単語の個数の上限*/
27:#define WLIMIT 50   /*出力単語数*/
28:#define LENGTH 64   /*文字列の長さの上限*/
29:#define SEED 65535  /*乱数のシード*/
30:#define ULIMIT 5    /*単語をランダムに探索する上限回数*/
31:
32:/* 関数のプロトタイプの宣言    */
33:int read1ofn(FILE *fpi,int n);
34:    /*1-of-N表現に基づく単語の並びの読み込み*/
35:void putvec(int nextn,int n);
36:    /*1-of-N表現に基づく単語の出力*/
37:int searchs(int s,int n,int wn);
38:    /*sに対応する単語を探す*/
39:int matchptn(int i,int s,int n);
40:    /*単語の一致を検査する*/
41:int rndn(int n);
42:    /*引数以下の整数乱数を返す*/
43:
44:/*外部変数*/
45:char ngram[WN][N];/*1-of-N表現の入力データを格納*/
46:
47:/***************/
48:/*  main()関数   */
49:/***************/
50:int main(int argc,char *argv[])
51:{
52: int n;                    /*単語の種類数*/
53: int wn;                   /*入力された単語の総数*/
54: int s=0;                  /*開始単語番号*/
55: FILE *fpi;                /*ファイルポインタ*/
56: char inputfile[LENGTH];   /*入力ファイル名*/
57: int i,j;                  /*繰り返しの制御*/
58: int loopmax;              /*繰り返し回数*/
59:
```

■ リスト2.9 （つづき）

```
60: /*乱数の初期化*/
61: srand(SEED);
62:
63: /*引数からの初期値の設定*/
64: if(argc<2){
65:   /*引数が足りない*/
66:   fprintf(stderr,"使い方\n >makenewvec "
67:          "単語種類数n (開始単語番号s) (ファイル名)\n");
68:   exit(1);
69: }
70: fpi=stdin;                    /*デフォルトは標準入力*/
71: n=atoi(argv[1]);              /*語彙数をセット*/
72: if(argc>2) s=atoi(argv[2]);   /*開始単語番号*/
73: if(argc>3){                   /*入力ファイルのオープン*/
74:   strncpy(inputfile,argv[3],LENGTH);/*入力ファイル*/
75:   if((fpi=fopen(inputfile,"r"))==NULL){
76:     /*ファイルオープン失敗*/
77:     fprintf(stderr,"%s:ファイルオープン失敗\n",inputfile);
78:     exit(1);
79:   }
80: }
81:
82: fprintf(stderr,"単語数 %d,開始単語番号 %d\n",n,s);
83: if((s>=n)||(s<0)){/*sが不適当*/
84:   fprintf(stderr,"s=%d,sは1以上n未満にしてください\n",s);
85:   exit(1);
86: }
87: /*1-of-N表現に基づく単語の並びの読み込み*/
88: wn= read1ofn(fpi,n);/*読み込みと入力単語総数wnのセット*/
89:
90: /*単語連鎖（文）の生成*/
91: putvec(s,n);/*開始記号*/
92:
93: for(i=0;i<WLIMIT;++i){
94:   /*sに対応する単語を探す*/
95:   loopmax=rndn(ULIMIT);  /*最大ULIMIT回繰り返す*/
96:   for(j=0;j<loopmax;++j)/*ランダムに複数回繰り返す*/
97:     s=searchs(s,n,wn);
```

■ リスト 2.9　（つづき）

```
 98:  /*隣接する次の単語を出力*/
 99:  ++s;
100:  if(s>=wn) s=0;/*最初に戻る*/
101:  putvec(s,n);
102: }
103:
104: return 0;
105:}
106:
107:/***************************************/
108:/*    rndn()関数                        */
109:/*引数以下の整数乱数を返す              */
110:/***************************************/
111:int rndn(int n)
112:{
113: double rndno;/*生成した乱数*/
114:
115: while((rndno=(double)rand()/RAND_MAX)==1.0);
116: return rndno*n;
117:}
118:
119:/***************************************/
120:/*    searcha()関数                     */
121:/*sに対応する単語を探す                 */
122:/***************************************/
123:int searchs(int s,int n,int wn)
124:{
125: int i;/*繰り返しの制御*/
126:
127: for(i=s+1;i<wn;++i)
128:   if(matchptn(i,s,n)==TRUE) return i;
129: for(i=0;i<=s;++i)
130:   if(matchptn(i,s,n)==TRUE) return i;
131: /*いずれも合致しない*/
132: fprintf(stderr,"内部エラー  searchs()関数\n");
133: exit(1);
134:}
135:
```

■ リスト2.9　（つづき）

```
136:/*****************************************/
137:/*    matchptn()関数                      */
138:/*単語の一致を検査する                    */
139:/*****************************************/
140:int matchptn(int i,int s,int n)
141:{
142: int result=TRUE;
143: int index;
144:
145: for(index=0;index<n;++index)
146:  if(ngram[i][index]!=ngram[s][index])
147:   result=FALSE;/*不一致*/
148: return result;
149:}
150:
151:/*****************************************/
152:/*    putvec()関数                        */
153:/*1-of-N表現に基づく単語の出力            */
154:/*****************************************/
155:void putvec(int nextn,int n)
156:{
157: int j=0;/*繰り返しの制御*/
158:
159: for(j=0;j<n;++j)
160:  printf("%1d ",ngram[nextn][j]);
161: printf("\n");
162:
163:}
164:
165:/*****************************************/
166:/*    read1ofn()関数                      */
167:/*1-of-N表現に基づく単語の並びの読み込み  */
168:/*****************************************/
169:int read1ofn(FILE *fpi,int n)
170:{
171: int e;         /*入力ベクトルの要素の値*/
172: int i=0,j=0;/*繰り返しの制御*/
173:
```

2.2 単語2-gramによる文生成

■ リスト2.9 （つづき）

```
174: while((fscanf(fpi,"%d",&e)!=EOF)&&(i<WN)){
175:   ngram[i][j]=e;
176:   ++j;
177:   if(j>=n){
178:     j=0; ++i;
179:   }
180: }
181: return i;
182:}
```

単純な入力データに基づく例として、makenewvec.cプログラムの実行例を**実行例2.16**に示します。ここでは、語彙数（単語数）12の例文を用いて、50語の連鎖を作成しています。1-of-N表現の出力結果ではわかりづらいので、makes.cプログラムを用いて、元の自然言語文に戻した結果も示しています。実行例2.16の例は語彙や2-gramの量が少ないので入力に含まれていたものと同じ文が出力されていますが、出力の中には入力文にはなかった表現である「私は人工の知能を有します。」といった文が含まれています。

■ 実行例2.16　makenewvec.cプログラムの実行例（1）

```
C:\Users\odaka\ch2>type text4.txt
私は人工の知能、人工知能です。私は知能を有します。     ← 元となる文章データ
C:\Users\odaka\ch2>makenewvec 12 0 makevecout.txt       （単語語彙数12）
単語数 12,開始単語番号 0
1 0 0 0 0 0 0 0 0 0 0 0
0 1 0 0 0 0 0 0 0 0 0 0
0 0 0 1 0 0 0 0 0 0 0 0
0 0 0 0 0 0 0 1 0 0 0 0
0 0 0 0 0 0 0 0 0 1 0 0
0 0 0 0 0 0 0 0 0 0 0 1
0 0 0 0 0 0 0 0 1 0 0 0
1 0 0 0 0 0 0 0 0 0 0 0
0 1 0 0 0 0 0 0 0 0 0 0
  （以下、出力が続く）

C:\Users\odaka\ch2>makenewvec 12 0 makevecout.txt | makes
```

第 2 章　テキスト処理による自然言語処理

■実行例 2.16　（つづき）

```
単語数 12, 開始単語番号 0
単語数 12
私は知能を有します。私は人工の知能、人工知能です。私は人工の知能を有します。私
は人工の知能、人工知能です。私は知能を有します。私は人工の知能、人工知能です。
私
C:\Users\odaka\ch2>
```
　　　　　　　　　　　　　　　開始記号番号 0（「私」）から
　　　　　　　　　　　　　　　始めた文生成の結果

　実行例 2.17 は同じ makenewvec.c プログラムの実行例ですが、入力データの語彙数が 45 個の場合の例です。このように、実行例 2.16 の例と比較して多様な表現が見受けられます。これらの文は一見すると普通の文章のようにも見えますが、意味的処理を伴わない文生成の結果ですから、意味的には疑問点の多い文となっています。なお実行例 2.17 では、文生成の出発点となる単語の番号を変えることで、異なる文が生成される例も合わせて示しています。

■実行例 2.17　makenewvec.c プログラムの実行例（2）

元となる文章データ（単語語彙数 45）

```
C:\Users\odaka\ch2>type text3.txt
　自然言語処理の技術を用いると、文書の要約や、文書どうしの類似性を評価することができます。文書要約においては、ある文書に含まれる用語のうちから文書の特徴を表す重要語を抽出したり、文書を表現する要約文を作成する技術が利用されています。また、こうした技術を用いて、複数の文書どうしの類似性を数値で評価する手法が提案されています。

C:\Users\odaka\ch2>makenewvec 45 0 makevecout.txt | makes
単語数 45, 開始単語番号 0
単語数 45
　自然言語処理の特徴を表す重要語を数値で評価する手法が利用されています。また、こうした技術を表現する要約文を用いて、文書どうしの類似性を作成する手法が利用されています。　自然言語処理の技術を表現する手法が提案
```
　　　　　　　　　開始記号（単語）の番号 0（「自然言語処理」）の場合の出力

2.2 単語2-gramによる文生成

■実行例2.17 （つづき）

```
C:\Users\odaka\ch2>makenewvec 45 3 makevecout.txt | makes
単語数 45,開始単語番号 3
単語数 45
```
> 開始記号（単語）の番号3（「技術」）の場合の出力

技術を評価することができます。文書要約においては、こうした技術を評価することができます。文書要約においては、こうした技術が利用されています。文書要約においては、文書どうしの類似性を評価することができます。文書要約においては、文書の特徴を用いると、文書どうしの類似性を用いると、こうした

　実行例2.17よりもさらに単語語彙を増やし、299語の語彙を利用して文を生成した例を**実行例2.18**に示します。

■実行例2.18　makenewvec.c プログラムの実行例（3）

> 元となる文章データの一部（単語語彙数299）

```
C:\Users\odaka\ch2>type text5.txt
```
この章では、初めに自然言語処理とは何かについて述べ、自然言語処理を実現するためにどのような研究が進められてきたかを概観します。次に機械学習の一手法で…
（以下、出力が続く）

```
C:\Users\odaka\ch2>makenewvec 299 0 makevecout.txt | makes
単語数 299,開始単語番号 0
単語数 299
```
> 開始記号（単語）の番号0（「この」）の場合の出力

この章では、途中まで入力した検索語を検索や、綴りのミスを検索したり表記の応用事例です。日本語入力を編集することもできます。たとえば語の典型的な利用方法の一つでしょう。　対話システムのもあります。これらのシステムを用いて自然言語による

```
C:\Users\odaka\ch2>makenewvec 299 20 makevecout.txt | makes
単語数 299,開始単語番号 20
単語数 299
```
> 開始記号（単語）の番号が20（「概観」）の場合の出力

概観します。　機械に用いられるだけでなく、ある文書の道具として用いられています。これらは、入力に従って情報を提供する場合だけでなく、調べたい単語や整理・保存などの特定の応用から生まれたものです。例を通して表示することが可能です

第3章

自然言語文解析への深層学習の適用

　本章では、自然言語文の解析へ深層学習の手法を適用する方法の例を示します。深層学習の手法として、ここでは畳み込みニューラルネットを利用します。具体的には、第2章で作成した1-of-N表現の単語列を畳み込みニューラルネットに与えることで、単語列の評価を行う方法を説明します。

3.1 CNNによる文の分類

　自然言語処理の応用においては、しばしば、何らかの尺度によって文を分類しなければならない場合があります。たとえば文書校正を自然言語処理技術により行おうとする場合には、文をある基準に従って分類することで、与えられた文が正しい文かどうかを判別する必要があります。あるいは、多くの文書の中からあるカテゴリの文書だけを自動抽出することを考えると、それぞれの文書に含まれる文をある基準で分類することで、同じカテゴリの文書を自動抽出することができるでしょう（**図3.1**）。

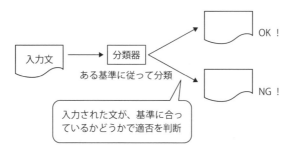

① 文書校正

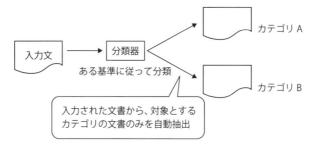

② 同カテゴリの文書の抽出

■図3.1　文の自動分類の応用

　ここでは、**畳み込みニューラルネット**（以下、**CNN**と呼びます）を用いて文を分類・評価する方法を考えます。つまり、CNNを用いて、図3.1の分類器を構成します。

3.1 CNNによる文の分類

第1章で述べたように、CNNは画像の識別に能力を発揮するニューラルネットです。そこで、CNNに1-of-N表現の単語列を入力として与えることで、入力単語列の識別を行います。

図3.2に、CNNによる分類学習の枠組みを示します。まず図の（1）にあるように、CNNへの入力が可能なように、自然言語で記述された文を1-of-N表現の単語列に直します。次に、CNNによる学習の準備として、学習データセットを構成します。学習データセットは、1-of-N表現の文と、その文が分類の規範に従うとどのような分類結果となるべきかを示した教師データの組で構成されます。

教師データは、入力された単語列があるカテゴリに属するかどうかを単一の数値を用いて表現してもよいですし、複数のカテゴリに対してどのように分類されるべきかを複数の数値で表現してもかまいません。ここでは簡単のため、教師データは単一の数値とし、0から1の間の数値で、あるカテゴリに分類される程度を表すものとします。

CNNへ与えるデータ群として、1-of-N表現の単語の並びと、その評価値となる教師データをセットとした学習データを複数用意します。これで学習の準備が整います。

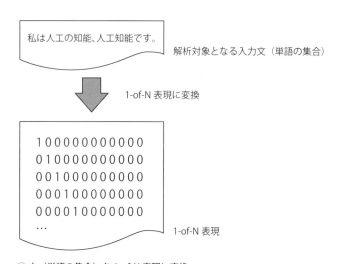

① 文（単語の集合）を 1-of-N 表現に変換

■図3.2　CNNによる分類学習の枠組み

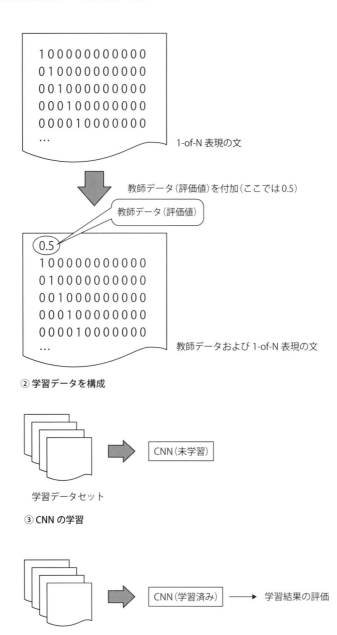

■図3.2 （つづき）

図3.2（3）では、CNNの学習を行います。この段階では、学習データセットに含まれる1-of-N表現の文をCNNの入力として与え、CNNの出力が教師データ（評価値）に近づくようにネットワークのパラメタを変更します。

　学習終了後、今度は検査データを用いて学習が正しく行われたかどうかを調べます。検査データは学習データと同じ形式のデータですが、直接的に学習には使わなかったデータを用います。検査データに対して、CNNが期待したとおりの出力を与えれば、学習が正しく行われたことが確認できます。

　以下では、最初に畳み込み演算とプーリング処理を取り上げ、1-of-N表現の単語列に対してフィルタとして適用する方法を示します。その後、これらの出力を処理する全結合型のニューラルネットを構成し、両者を組み合わせることで畳み込みニューラルネットを作成します（**図3.3**）。本来CNNでは畳み込みフィルタのパラメタも学習対象としますが、ここでは問題を単純化するために、フィルタ形状はあらかじめ天下り式に与え、学習対象とはしないことにします。

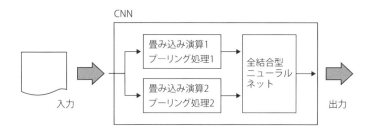

■図3.3　CNNの構成

3.2　準備①　畳み込み演算とプーリング処理

　本節では、CNN構成の準備として、畳み込み演算とプーリング処理をC言語のプログラムとして実装します。

3.2.1　畳み込み演算

　先に説明したように、畳み込み演算では、2次元の入力データに対してサイズの小さいフィルタ適用することで、入力データの特徴を抽出します。この計算は、以

第3章 自然言語文解析への深層学習の適用

下のように進めます。

　今、たとえば**図3.4**①のように、12個の要素からなる1-of-N表現の単語が5個連鎖した表現があったとします。この表現に対して、3×3の大きさで、図②に示すように斜め方向に値1を有し他の要素が0であるようなフィルタを適用するとします。

```
100000000000
010000000000
001000000000
000100000000
000010000000
```

① 入力データ
　12個の要素からなる1-of-N表現の単語が5個連鎖した表現

```
100
010
001
```

② フィルタ　大きさ3×3

■図3.4　畳み込み演算の例（1）　入力データとフィルタの形状

　畳み込み演算は、フィルタの適用場所をずらしながら、入力データの全域に対して計算を繰り返すことで行います。このために、たとえばまず入力データの左上隅の3×3の領域に対してフィルタを適用します。フィルタ適用の計算では、3×3の合計9ヵ所のデータについて、入力データとフィルタの係数を乗算し、求めた9個の積の値をすべて足し合わせます。**図3.5**にあるように、左上隅の部分についての計算結果は3となります。この計算結果が、畳み込み演算の出力結果のうちの、左上隅の値となります。

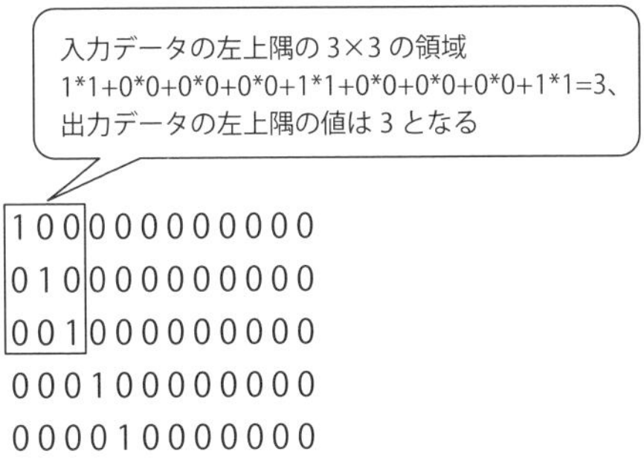

```
            ┌──────────────────────────────┐
            │ 入力データの左上隅の 3×3 の領域    │
            │ 1*1+0*0+0*0+0*0+1*1+0*0+0*0+0*0+1*1=3、│
            │ 出力データの左上隅の値は 3 となる   │
            └──────┬───────────────────────┘
                   │
            ┌─┬─┬─┐
            │1│0│0│000000000
            ├─┼─┼─┤
            │0│1│0│000000000
            ├─┼─┼─┤
            │0│0│1│000000000
            └─┴─┴─┘
            0 0 0 1 0 0 0 0 0 0 0 0
            0 0 0 0 1 0 0 0 0 0 0 0
```

■図 3.5　畳み込み演算の例（2）　入力データの左上隅にフィルタを適用、結果を求める

次に、フィルタの適用場所を右に移動します。すると、**図3.6**のように今度は畳み込み演算の出力は0となります。結果として、出力データの左隅から2番目の要素の値は0となります。

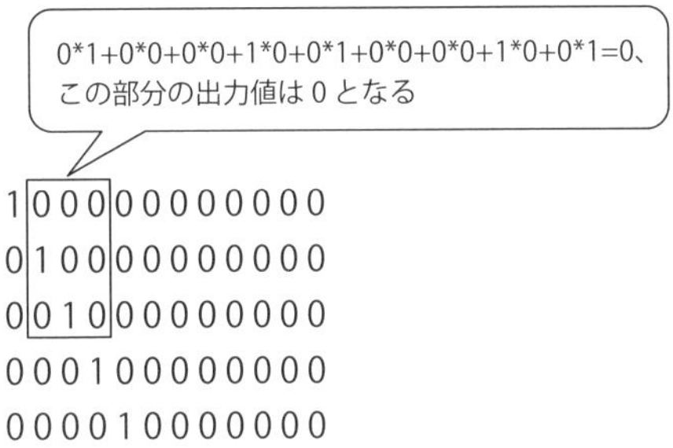

```
            ┌──────────────────────────────┐
            │ 0*1+0*0+0*0+1*0+0*1+0*0+0*0+1*0+0*1=0、│
            │ この部分の出力値は 0 となる        │
            └──────┬───────────────────────┘
                   │
              ┌─┬─┬─┐
            1 │0│0│0│00000000
              ├─┼─┼─┤
            0 │1│0│0│00000000
              ├─┼─┼─┤
            0 │0│1│0│00000000
              └─┴─┴─┘
            0 0 0 1 0 0 0 0 0 0 0 0
            0 0 0 0 1 0 0 0 0 0 0 0
```

■図 3.6　畳み込み演算の例（3）　次の位置にフィルタを適用して結果を求める

以上の計算を、横方向に10回、縦方向に3回繰り返すと、入力データである1-of-N表現の全体にわたってフィルタ処理を行うことができます。すべての結果を集めると、畳み込み演算の出力結果となります。

畳み込み演算の例を見てみましょう。たとえば**図3.7**では、1-of-N表現の単語データ上で、値1の要素が斜め方向に並んでいます。これは、その文書に初めて出現する単語が順接して並んでいることを表しています。これに対して、図のような斜め方向に要素を持ったフィルタを適用すると、その特徴が強調されて取り出されます。フィルタの形状を変えて、縦方向に要素を有するフィルタを適用すると、特徴は強調されず、むしろあいまいになっています。

第3章 自然言語文解析への深層学習の適用

```
1 0 0 0 0 0 0 0 0 0 0 0
0 1 0 0 0 0 0 0 0 0 0 0
0 0 1 0 0 0 0 0 0 0 0 0
0 0 0 1 0 0 0 0 0 0 0 0
0 0 0 0 1 0 0 0 0 0 0 0
```

① 1-of-N表現のデータ上を、値1の要素が
斜め方向に並んでいるデータの例（順接関係）

```
1 0 0
0 1 0
0 0 1
```

フィルタを適用

3.000 0.000 0.000 0.000 0.000 0.000 0.000 0.000 0.000 0.000
0.000 3.000 0.000 0.000 0.000 0.000 0.000 0.000 0.000 0.000
0.000 0.000 3.000 0.000 0.000 0.000 0.000 0.000 0.000 0.000

値が大きくなり、特徴が強調されている

② 斜め方向に要素を持ったフィルタを適用、特徴が強調される

```
1 0 0
1 0 0
1 0 0
```

フィルタを適用

1.000 1.000 1.000 0.000 0.000 0.000 0.000 0.000 0.000 0.000
0.000 1.000 1.000 1.000 0.000 0.000 0.000 0.000 0.000 0.000
0.000 0.000 1.000 1.000 1.000 0.000 0.000 0.000 0.000 0.000

値の分布が分散し、特徴があいまいになる

③ 縦方向に要素を持ったフィルタを適用、特徴があいまいになる

■図3.7　畳み込み演算による単語連接状態の抽出（1）　順接関係

3.2 準備① 畳み込み演算とプーリング処理

　次に、1-of-N表現の単語データ上で、値1の要素が縦に並んでいる場合を考えます（**図3.8**）。これは、同じ単語が繰り返して出現していることを表しています。これに対して、縦方向に要素を有するフィルタを適用すると、その特徴が強調されて取り出されます。これに対して、斜め方向に要素を有するフィルタを適用すると、特徴は強調されず、むしろあいまいになっています。

```
0 0 1 0 0 0 0 0 0 0 0 0
0 0 1 0 0 0 0 0 0 0 0 0
0 0 1 0 0 0 0 0 0 0 0 0
0 0 1 0 0 0 0 0 0 0 0 0
0 0 1 0 0 0 0 0 0 0 0 0
```

① 1-of-N 表現のデータ上を、値1の要素が
　縦方向に並んでいる場合の例（連続関係）

```
1 0 0
1 0 0
1 0 0
```

フィルタを適用

0.000 0.000 3.000 0.000 0.000 0.000 0.000 0.000 0.000 0.000
0.000 0.000 3.000 0.000 0.000 0.000 0.000 0.000 0.000 0.000
0.000 0.000 3.000 0.000 0.000 0.000 0.000 0.000 0.000 0.000

値が大きくなり、特徴が強調されている

② 縦方向に要素を持ったフィルタを適用、特徴が強調される

■ 図 3.8　畳み込み演算による単語連接状態の抽出（2）　同じ単語の連続関係

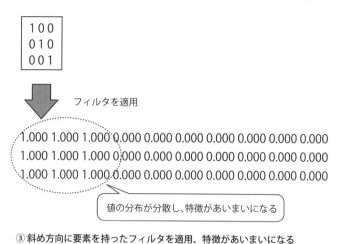

③ 斜め方向に要素を持ったフィルタを適用、特徴があいまいになる

■図3.8　（つづき）

　以上のように、1-of-N表現による単語列に畳み込み演算を施すことで、元の単語列の特徴を抽出することができると考えられます。

　さて、畳み込み演算をプログラムとして実装するためにはどうすればよいでしょうか。畳み込み演算は掛け算と足し算の繰り返しですから、計算そのものは単純な積和計算となります。つまり、配列に入力データおよびフィルタの係数をそれぞれ格納し、繰り返し処理を用いて順に値を計算すればよいのです。

　入力データを2次元配列sentence[][]に格納したとすると、ある要素sentence[i][j]に対して配列filter[][]に格納した係数を掛け合わせて和を求める計算は次のように表現されます。ここで、記号定数FILTERSIZEは、フィルタの大きさを表します。

```
for(m=0;m<FILTERSIZE;++m)
 for(n=0;n<FILTERSIZE;++n)
  sum+=sentence[i-FILTERSIZE/2+m][j-FILTERSIZE/2+n]*filter[m][n];
```

　この計算処理を、calcconv()関数としてまとめることにしましょう。calcconv()関数は、sentence[i][j]の周辺にフィルタを適用する処理を担当する関数です。

　calcconv()関数は、ある特定の部分へのフィルタの適用処理を担当します。そこでcalcconv()関数を、入力データsentence[][]全体について適用すれば、畳み込み演算が完成します。このためには、次のようなプログラムコードを用います。

```
for(i=startpoint;i<WORDLEN-startpoint;++i)
 for(j=startpoint;j<VOCSIZE-startpoint;++j)
  convout[i][j]=calcconv(filter,sentence,i,j) ;
```

ここで、WORDLENは単語連鎖数を決定する記号定数であり、VOCSIZEは語彙の種類数を表します。また、配列convout[][]は、畳み込み演算の結果を格納する配列です。この計算は、畳み込み計算を担当する関数としてまとめて、関数名としてconv()という名前を与えます。

calcconv()関数とconv()関数を用いると、畳み込み処理を行うconv.cプログラムを構成することができます。conv.cプログラムの内部構造を**図3.9**に示します。

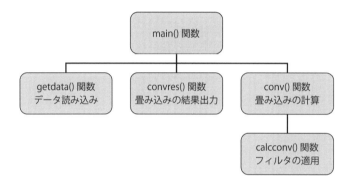

■図3.9 conv.cプログラムの内部構造

以上の準備に従って、conv.cプログラムを構成します。**リスト3.1**に、conv.cプログラムのソースコードを示します。

■リスト3.1 conv.cプログラム

```
 1:/*********************************************************/
 2:/*              conv.c                                   */
 3:/*  畳み込み処理                                           */
 4:/*  1-of-Nデータを読み取り、畳み込みを施します              */
 5:/*  使い方                                                */
 6:/*    ¥Users¥odaka¥ch3>conv   < data1.txt                 */
 7:/*********************************************************/
 8:
 9:/*Visual Studioとの互換性確保*/
```

■ リスト3.1　（つづき）

```
10:#define _CRT_SECURE_NO_WARNINGS
11:
12:/* ヘッダファイルのインクルード*/
13:#include <stdio.h>
14:#include <stdlib.h>
15:#include <math.h>
16:
17:/*記号定数の定義*/
18:#define VOCSIZE 12    /*1-of-N表現の語彙数（次数）*/
19:#define WORDLEN 5     /*1-of-N表現の単語の連鎖数*/
20:#define FILTERSIZE 3 /*フィルタの大きさ*/
21:
22:/*関数のプロトタイプの宣言*/
23:void conv(double filter[][FILTERSIZE]
24:    ,double sentence[][VOCSIZE]
25:    ,double convout[][VOCSIZE]); /*畳み込みの計算*/
26:double calcconv(double filter[][FILTERSIZE]
27:               ,double sentence[][VOCSIZE],int i,int j);
28:                                        /*フィルタの適用*/
29:void convres(double convout[][VOCSIZE]); /*畳み込みの結果出力*/
30:void getdata(double sentence[][VOCSIZE]);/*データ読み込み*/
31:
32:/*******************/
33:/*   main()関数    */
34:/*******************/
35:int main()
36:{
37: double filter[FILTERSIZE][FILTERSIZE]
38:     ={{1,0,0},{0,1,0},{0,0,1}};     /*順接フィルタ*/
39://    ={{1,0,0},{1,0,0},{1,0,0}};     /*連続フィルタ*/
40: double sentence[WORDLEN][VOCSIZE];   /*入力データ*/
41: double convout[WORDLEN][VOCSIZE]={0};/*畳み込み出力*/
42:
43:
44: /*入力データの読み込み*/
45: getdata(sentence);
46:
47: /*畳み込みの計算*/
```

■ リスト3.1 (つづき)

```
 48: conv(filter,sentence,convout);
 49:
 50: /*結果の出力*/
 51: convres(convout);
 52:
 53: return 0;
 54:}
 55:
 56:/*********************/
 57:/*  convres()関数     */
 58:/* 畳み込みの結果出力  */
 59:/*********************/
 60:void convres(double convout[][VOCSIZE])
 61:{
 62: int i,j;                    /*繰り返しの制御*/
 63: int startpoint=FILTERSIZE/2;/*出力範囲の下限*/
 64:
 65: for(i=startpoint;i<WORDLEN-1;++i){
 66:  for(j=startpoint;j<VOCSIZE-1;++j){
 67:   printf("%.3lf ",convout[i][j]);
 68:  }
 69:  printf("\n");
 70: }
 71: printf("\n");
 72:}
 73:
 74:/*********************/
 75:/*  getdata()関数     */
 76:/*入力データの読み込み */
 77:/*********************/
 78:void getdata(double e[][VOCSIZE])
 79:{
 80: int i=0,j=0;/*繰り返しの制御用*/
 81:
 82: /*データの入力*/
 83: while(scanf("%lf",&e[i][j])!=EOF){
 84:  ++j;
 85:  if(j>=VOCSIZE){/*次のデータ*/
```

■ リスト3.1　（つづき）

```
 86:    j=0;
 87:    ++i;
 88:    if(i>=WORDLEN) break;/*入力終了*/
 89:   }
 90:  }
 91:}
 92:
 93:/*********************/
 94:/*   conv()関数        */
 95:/*   畳み込みの計算     */
 96:/*********************/
 97:void conv(double filter[][FILTERSIZE]
 98:          ,double sentence[][VOCSIZE],double convout[][VOCSIZE])
 99:{
100: int i=0,j=0;                    /*繰り返しの制御用*/
101: int startpoint=FILTERSIZE/2;/*畳み込み範囲の下限*/
102:
103: for(i=startpoint;i<WORDLEN-startpoint;++i)
104:  for(j=startpoint;j<VOCSIZE-startpoint;++j)
105:   convout[i][j]=calcconv(filter,sentence,i,j);
106:}
107:
108:/*********************/
109:/*   calcconv()関数    */
110:/*   フィルタの適用     */
111:/*********************/
112:double calcconv(double filter[][FILTERSIZE]
113:               ,double sentence[][VOCSIZE],int i,int j)
114:{
115: int m,n;       /*繰り返しの制御用*/
116: double sum=0;/*和の値*/
117:
118: for(m=0;m<FILTERSIZE;++m)
119:  for(n=0;n<FILTERSIZE;++n)
120:   sum+=sentence[i-FILTERSIZE/2+m][j-FILTERSIZE/2+n]*filter[m][n];
121:
```

■ リスト3.1 （つづき）

```
122: return sum;
123:}
```

conv.cプログラムの実行例を**実行例3.1**に示します。ここでは、1-of-N表現による単語列を格納したmakevecout.txtファイルからデータを読み出し、2種類のフィルタをそれぞれ適用した例を示しています。

■ 実行例3.1 conv.cプログラムの実行例

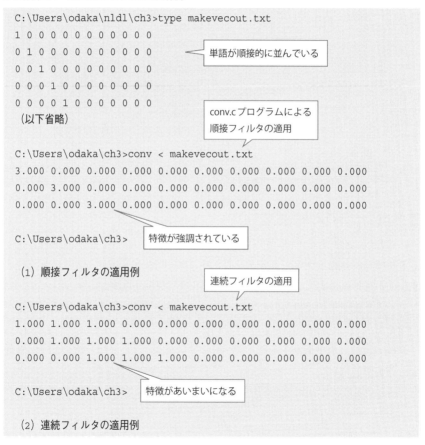

実行例3.1の実行例（1）と実行例（2）ではいずれもconv.cプログラムを用いていますが、この二つのconv.cプログラムは異なるものです。すなわち、内部に含ま

れるフィルタ形状が異なっています。具体的には、ソースコードのmain()関数冒頭部となる、下記の部分を変更して、それぞれ再コンパイルしています。

実行例3.1で順接フィルタを適用している場合には、リスト3.1のソースコードをそのままコンパイルします。これに対して実行例3.1で連続フィルタとしてあるものは、下記の下線部分（コメントの扱い）を変更してあります。

```
32:/******************/
33:/*    main()関数    */
34:/******************/
35:int main()
36:{
37:double filter[FILTERSIZE][FILTERSIZE]
38:     ={{1,0,0},{0,1,0},{0,0,1}} ;/*順接フィルタ*/
39://    ={{1,0,0},{1,0,0},{1,0,0}} ;/*連続フィルタ*/
```

 順接フィルタをコメントアウトし、代わりに連続フィルタを使用する

```
38://    ={{1,0,0},{0,1,0},{0,0,1}} ;/*順接フィルタ*/
39:     ={{1,0,0},{1,0,0},{1,0,0}} ;/*連続フィルタ*/
```

3.2.2 プーリング処理

次に、conv.cプログラムにプーリング処理を追加することで、CNNにおける畳み込み処理の基本構成要素を実現しましょう。プーリング処理は、畳み込み処理と類似の手続き実現することができます。すなわち、畳み込み演算のフィルタとして、フィルタを適用する領域内の最大値や平均値を抽出するフィルタを構成すればよいのです。

領域内の最大値を出力する最大値プーリングを実現するには、次のような処理を行います。

```
max=convout[i+POOLSIZE/2][j+POOLSIZE/2];
for(m=i-POOLSIZE/2;m<=i+POOLSIZE/2;++m)
 for(n=j-POOLSIZE/2;n<=j+POOLSIZE/2;++n)
  if(max<convout[m][n])  max=convout[m][n]  ;
```

上記コードにおいて、それぞれの変数と記号定数の意味を**表3.1**に示します。表3.1にあるように、最大値を抽出する対象データはconvout[][]配列に格納されています。最大値フィルタを適用する、convuout[i][j]を中心とした一辺POOLSIZEの領域です。この領域内の最大値を求めて、変数maxに格納します。プーリング処理を実装したプログラムであるconvpool.cプログラムでは、これらの処理をmaxpooling()関数としてまとめます。

■表3.1　最大値プーリング処理に関連する変数と記号定数の意味

名称	説明
max	フィルタ領域内の最大値を格納する変数
convout[][]	最大値を抽出する対象データを格納する配列
i, j	フィルタの適用領域を指定する座標値
m, n	フィルタの適用範囲内を逐次指定するための変数
POOLSIZE	フィルタのサイズ

プーリング処理を対象データ全域に施すには、変数i,jの値を対象データ全域に対応するよう変化させつつ、maxpooling()関数を用いてプーリングを実施します。この処理は、次のように記述することができます。

```
int i,j ;/*繰り返しの制御*/
int startpoint=FILTERSIZE/2+POOLSIZE/2 ;
                /*プーリング計算範囲の下限*/

for(i=startpoint;i<WORDLEN-startpoint;++i)
 for(j=startpoint;j<VOCSIZE-startpoint;++j)
  poolout[i][j]=maxpooling(convout,i,j) ;
```

convpool.cプログラムでは、これらの処理をpool()関数としてまとめて、conv.cプログラムに追加します。すると、convpool.cプログラムの処理の手順は以下のようになります。

> **convpool.c プログラムの処理手順**
> (1) getdata() 関数による入力データの読み込み
> (2) conv() 関数による畳み込みの計算
> (3) convres() 関数による畳み込み演算の結果出力
> (4) pool() 関数によるプーリングの計算
> (5) poolres() 関数による結果の出力

convpool.c プログラムの実装例を**リスト3.2**に示します。

■ リスト 3.2　convpool.c プログラム

```
 1:/************************************************************/
 2:/*                  convpool.c                              */
 3:/*畳み込みとプーリングの処理                                */
 4:/*1-of-Nデータを読み取り、畳み込みとプーリングを施します    */
 5:/* 使い方                                                   */
 6:/*  ¥Users¥odaka¥ch3>convpool  < data1.txt                  */
 7:/************************************************************/
 8:
 9:/*Visual Studioとの互換性確保 */
10:#define _CRT_SECURE_NO_WARNINGS
11:
12:/* ヘッダファイルのインクルード*/
13:#include <stdio.h>
14:#include <stdlib.h>
15:#include <math.h>
16:
17:/*記号定数の定義*/
18:#define VOCSIZE 12    /*1-of-N表現の語彙数（次数）*/
19:#define WORDLEN 7     /*1-of-N表現の単語の連鎖数*/
20:#define FILTERSIZE 3  /*フィルタの大きさ*/
21:#define POOLSIZE 3    /*プーリングサイズ*/
22:
23:/*関数のプロトタイプ宣言*/
24:void conv(double filter[][FILTERSIZE]
25:    ,double sentence[][VOCSIZE]
26:    ,double convout[][VOCSIZE]);            /*畳み込みの計算*/
```

3.2 準備① 畳み込み演算とプーリング処理

■ リスト3.2 （つづき）

```
27:double calcconv(double filter[][FILTERSIZE]
28:                ,double sentence[][VOCSIZE],int i,int j);
29:                                              /*フィルタの適用*/
30:void convres(double convout[][VOCSIZE]); /*畳み込みの結果出力*/
31:void getdata(double sentence[][VOCSIZE]);/*データ読み込み*/
32:void poolres(double poolout[][VOCSIZE]); /*プーリング出力*/
33:void pool(double convout[][VOCSIZE]
34:         ,double poolout[][VOCSIZE]);    /*プーリングの計算*/
35:double maxpooling(double convout[][VOCSIZE]
36:                 ,int i,int j);          /* 最大値プーリング */
37:
38:/******************/
39:/*    main()関数    */
40:/******************/
41:int main()
42:{
43: double filter[FILTERSIZE][FILTERSIZE]
44:      ={{1,0,0},{0,1,0},{0,0,1}};        /*順接フィルタ*/
45://     ={{1,0,0},{1,0,0},{1,0,0}};        /*連続フィルタ*/
46: double sentence[WORDLEN][VOCSIZE];      /*入力データ*/
47: double convout[WORDLEN][VOCSIZE]={0};   /*畳み込み出力*/
48: double poolout[WORDLEN][VOCSIZE]={0};   /*出力データ*/
49:
50: /*入力データの読み込み*/
51: getdata(sentence);
52:
53: /*畳み込みの計算*/
54: conv(filter,sentence,convout);
55:
56: /*畳み込み演算の結果出力*/
57: convres(convout);
58:
59: /*プーリングの計算*/
60: pool(convout,poolout);
61:
62: /*結果の出力*/
63: poolres(poolout);
64:
```

■ リスト3.2 （つづき）

```
65: return 0;
66:}
67:
68:/*********************/
69:/*  poolres()関数     */
70:/*    結果出力        */
71:/*********************/
72:void poolres(double poolout[][VOCSIZE])
73:{
74:  int i,j;                               /*繰り返しの制御*/
75:  int startpoint=FILTERSIZE/2+POOLSIZE/2;/*プーリング計算範囲の下限*/
76:
77:  for(i=startpoint;i<WORDLEN-startpoint;++i){
78:    for(j=startpoint;j<VOCSIZE-startpoint;++j)
79:      printf("%.3lf ",poolout[i][j]);
80:    printf("\n");
81:  }
82:  printf("\n");
83:}
84:
85:/*********************/
86:/*  pool()関数        */
87:/*  プーリングの計算   */
88:/*********************/
89:void pool(double convout[][VOCSIZE]
90:         ,double poolout[][VOCSIZE])
91:{
92:  int i,j;                               /*繰り返しの制御*/
93:  int startpoint=FILTERSIZE/2+POOLSIZE/2;/*プーリング計算範囲の下限*/
94:
95:  for(i=startpoint;i<WORDLEN-startpoint;++i)
96:    for(j=startpoint;j<VOCSIZE-startpoint;++j)
97:      poolout[i][j]=maxpooling(convout,i,j);
98:}
99:
100:/*********************/
101:/* maxpooling()関数   */
102:/*  最大値プーリング   */
```

3.2 準備① 畳み込み演算とプーリング処理

■ リスト 3.2 （つづき）

```
103:/*********************/
104:double maxpooling(double convout[][VOCSIZE]
105:                  ,int i,int j)
106:{
107: int m,n;    /*繰り返しの制御用*/
108: double max;/*最大値*/
109:
110: max=convout[i+POOLSIZE/2][j+POOLSIZE/2];
111: for(m=i-POOLSIZE/2;m<=i+POOLSIZE/2;++m)
112:  for(n=j-POOLSIZE/2;n<=j+POOLSIZE/2;++n)
113:   if(max<convout[m][n]) max=convout[m][n];
114:
115: return max;
116:}
117:
118:/*********************/
119:/*  convres()関数     */
120:/* 畳み込みの結果出力  */
121:/*********************/
122:void convres(double convout[][VOCSIZE])
123:{
124: int i,j;                   /*繰り返しの制御*/
125: int startpoint=FILTERSIZE/2;/*出力範囲の下限*/
126:
127: for(i=startpoint;i<WORDLEN-1;++i){
128:  for(j=startpoint;j<VOCSIZE-1;++j){
129:   printf("%.3lf ",convout[i][j]);
130:  }
131:  printf("\n");
132: }
133: printf("\n");
134:}
135:
136:/*********************/
137:/*  getdata()関数     */
138:/*入力データの読み込み */
139:/*********************/
140:void getdata(double e[][VOCSIZE])
```

■ リスト3.2 （つづき）

```
141:{
142: int i=0,j=0;/*繰り返しの制御用*/
143:
144: /*データの入力*/
145: while(scanf("%lf",&e[i][j])!=EOF){
146:   ++j;
147:   if(j>=VOCSIZE){/*次のデータ*/
148:     j=0;
149:     ++i;
150:     if(i>=WORDLEN) break;/*入力終了*/
151:   }
152: }
153:}
154:
155:/**********************/
156:/*   conv()関数        */
157:/*   畳み込みの計算    */
158:/**********************/
159:void conv(double filter[][FILTERSIZE]
160:          ,double sentence[][VOCSIZE],double convout[][VOCSIZE])
161:{
162: int i=0,j=0;              /*繰り返しの制御用*/
163: int startpoint=FILTERSIZE/2;/*畳み込み範囲の下限*/
164:
165: for(i=startpoint;i<WORDLEN-startpoint;++i)
166:  for(j=startpoint;j<VOCSIZE-startpoint;++j)
167:   convout[i][j]=calcconv(filter,sentence,i,j);
168:}
169:
170:/**********************/
171:/*   calcconv()関数    */
172:/*   フィルタの適用    */
173:/**********************/
174:double calcconv(double filter[][FILTERSIZE]
175:               ,double sentence[][VOCSIZE],int i,int j)
176:{
177: int m,n;    /*繰り返しの制御用*/
178: double sum=0;/*和の値*/
```

■ リスト 3.2　（つづき）

```
179:
180: for(m=0;m<FILTERSIZE;++m)
181:   for(n=0;n<FILTERSIZE;++n)
182:     sum+=sentence[i-FILTERSIZE/2+m][j-FILTERSIZE/2+n]*filter[m][n];
183:
184: return sum;
185:}
```

convpool.cプログラムの実行例を**実行例3.2**に示します。実行例3.2では、畳み込み演算の結果に対して、最大値プーリングを施した結果を示しています。

■ 実行例 3.2　convpool.c プログラムの実行例

```
C:\Users\odaka\ch3>convpool < makevecout.txt
3.000 0.000 0.000 0.000 0.000 0.000 0.000 0.000 0.000 0.000
0.000 3.000 0.000 0.000 0.000 0.000 0.000 0.000 0.000 0.000
0.000 0.000 3.000 0.000 0.000 0.000 0.000 0.000 0.000 0.000
0.000 0.000 0.000 3.000 0.000 0.000 0.000 0.000 0.000 0.000
0.000 0.000 0.000 0.000 3.000 0.000 0.000 0.000 0.000 0.000

3.000 3.000 3.000 0.000 0.000 0.000 0.000 0.000
3.000 3.000 3.000 3.000 0.000 0.000 0.000 0.000
3.000 3.000 3.000 3.000 3.000 0.000 0.000 0.000


C:\Users\odaka\ch3>
```

畳み込み処理の出力結果

プーリング処理（最大値プーリング）の結果

3.3 準備② 全結合型ニューラルネット

ここでは、CNN実現のための第2段階の準備として、全結合型のニューラルネットを構成します。本節で示す階層構造による全結合型ニューラルネットは、CNNやリカレントニューラルネットなどさまざまなニューラルネットの基本的な構成要素となっています。

3.3.1 階層構造による全結合型ニューラルネットの構成と学習方法

ニューラルネットを構成するためには、その構成要素である**人工ニューロン**を実現しなければなりません。

人工ニューロンは、**図3.10**に示すような計算素子です。図では、3入力1出力の人工ニューロンを表しています。それぞれの入力には、対応する重みが定義されています。入力された数値は対応する重みと掛け合わされて合算されます。次に、合算値からある定数を引き算します。この定数をしきい値と呼びます。さらに、引き算の結果にある関数 f を適用し、関数 f の出力を人工ニューロンの出力とします。この関数 f を**伝達関数（transfer function）**あるいは**出力関数（output function）**と呼びます。

なお、重みとしきい値は人工ニューロンのパラメタであり、後で示す学習手続きに従って適切な値に設定する必要があります。

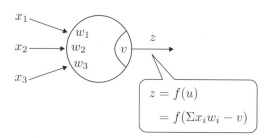

ただし　$x_1 \sim x_3$ ：入力
　　　　$w_1 \sim w_3$ ：重み
　　　　　v ：しきい値
　　　　　z ：出力

■図3.10　人工ニューロンの機能

伝達関数には、たとえば**シグモイド関数（sigmoid function）**が用いられます。シグモイド関数は、**図3.11**に示すような形状の関数です。シグモイド関数はバックプロパゲーションの手続きと相性がよいので、バックプロパゲーションを用いる際によく用いられます。

$$f(u) = \frac{1}{1 + e^{-u}}$$

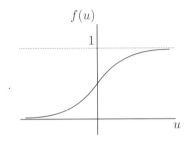

■図3.11　シグモイド関数

人工ニューロンを組み合わせると、ニューラルネットを構成することができます。その簡単な例として、**図3.12**に、3階層2入力1出力からなる階層構造による層間全結合型ニューラルネットを示します。図3.12で、入力層の人工ニューロンは、入力データをそのまま次層に伝達します。実際に計算処理を行うのは中間層と出力層です。いずれの階層でも、人工ニューロンは重み付き加算と伝達関数の計算を行い、その結果を出力します。

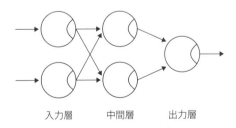

■図3.12　全結合型ニューラルネットの例（2入力1出力）

第1章で述べたように、図3.12のようなニューラルネットは**バックプロパゲー**

ションによる学習が可能です。バックプロパゲーションの原理を**図3.13**に示します。

図の①で、全体の出力結果oを計算した結果、教師データである正解値o_tと一致しなかったとしましょう。この場合、出力結果oと正解値o_tとの差が誤差Eとなります。

誤差Eが生じた原因を考えます。最終的な出力oは、出力層の人工ニューロンの計算結果です。出力層の人工ニューロンは、出力層への入力値を使って計算を行います。このとき、入力値に対応する重みの値が大きいほど、誤差Eが生じる原因に大きく影響を与えていることになります。そこで誤差Eを、出力層の重みに比例して配分し、配分された値に対応して重みを調整します。そうすれば、誤差Eが小さくなるはずです（図3.13②）。

同様の操作を、中間層の人工ニューロンに対しても行います。つまり、出力層の重みに対して配分された誤差を用いて、中間層の重みも同様に調整します（図3.13③）。これで、少なくとも誤差Eの絶対値は調整前よりも小さくなるはずです。

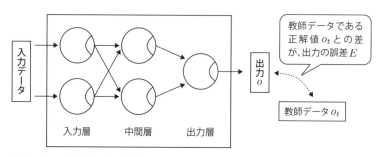

① ネットワーク出力oと正解値o_tとの差を誤差Eと定義する

■図3.13　バックプロパゲーションの原理

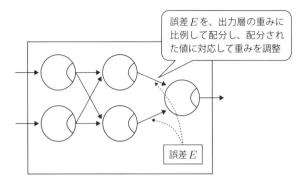

② 中間層から出力層への重みに応じて誤差 E を配分し、
それぞれの重みを調整する

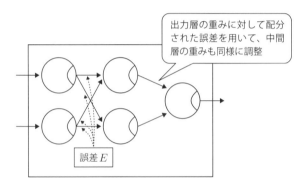

③ 中間層から出力層への重みに応じて誤差 E を配分し、
それぞれの重みを調整する

①から③の計算をさまざまな学習データに対して
繰り返すことで誤差が次第に小さくなる（収束する）

■ 図 3.13 （つづき）

あとは、この操作をさまざまな学習データに対して繰り返すことで、次第に誤差 E が小さくなっていきます。最終的には、誤差 E の値がある程度以下になったところで、学習の繰り返しを終了します。以上が、バックプロパゲーションによる学習の原理です。

3.3.2 全結合型ニューラルネットの実現

それでは、実際に階層型ニューラルネットを構成し、バックプロパゲーションによる学習を実装してみましょう。ここでは、図3.12に示した、3階層2入力1出力からなる階層構造による層間全結合型ニューラルネットを念頭に置いて説明を進めます。

ニューラルネットを実装したプログラムであるbp.cは、以下のような手順で処理を進めます。

---
bp.cプログラムの処理手続き
(1) 乱数による重みの初期化
(2) 学習データの読み込み
(3) 誤差が一定値以下になるまで以下を繰り返す
　(3-1) ある学習データについて、出力誤差を計算
　(3-2) 出力誤差に基づく出力層の重みの調整
　(3-3) 出力誤差に基づく中間層の重みの調整
(4) 学習結果の出力

手順 (1) では、乱数を用いてネットワークの重みを初期化します。次に手順 (2) で、学習データセットを読み込みます。学習データセットは、ニューラルネットの入出力関係を記述した複数のデータからなるデータ集合です。

続く手順 (3) が学習の本体です。手順 (3) では、学習データセットから一つのデータを取り出します。取り出したデータを用いて、ニューラルネットの出力値を計算し、データに付随した教師データとの差を求めることで出力誤差を計算します (手順3-1)。続く手順 (3-2) と (3-3) で、求めた出力誤差を用いて、バックプロパゲーションにより重みを調整します。これを学習データセット全体を使って繰り返し行います。

誤差が一定以下になったら、学習を終了し、手順 (4) に従って学習結果を出力します。学習結果として、求めた重みの値と、学習データセットに対するニューラルネットの出力を示します。

以上に従って構成したbp.cプログラムは長くなるため、付録Cに示しました。bp.cプログラムの実行例を**実行例3.3**に示します。

実行例3.3では、初めに学習データセットとしてand.txtファイルをbp.cプログラムに与えています。and.txtファイルには、AND演算、すなわち論理積に対応する入出力データを学習データとして記述しています。bp.cプログラムにand.txtファイルを与えることで、268回の繰り返しの後にニューラルネットはAND演算を獲得しています。

実行例3.3の実行例では、ANDに続いてEORすなわち排他的論理和を学習させています。こちらの学習では、1,202回の繰り返しの後にEOR演算を獲得しています。

■実行例3.3 bp.cプログラムの実行例

```
C:\Users\odaka\ch3>type and.txt
0 0 0
0 1 0          AND演算、すなわち、論理積
1 0 0          に対応する入出力データ
1 1 1
C:\Users\odaka\ch3>bp < and.txt
0.064486 0.440718 -0.108188 0.934996 -0.791437 0.399884
-0.875362 0.049715 0.991211
学習データの個数:4
1       0.905330
2       0.921529
3       0.926556
4       0.926768
5       0.926443
（以下、誤差の推移が表示される）
265     0.001010
266     0.001006
267     0.001001      268回の繰り返しの後に
268     0.000996      AND演算を獲得
-2.651725 -5.519571 -5.410115 4.835389 1.097955 3.205046
-8.056481 6.018151 1.423246
0 0.000000 0.000000 0.000000 0.000100
1 0.000000 1.000000 0.000000 0.010163
2 1.000000 0.000000 0.000000 0.018579
3 1.000000 1.000000 1.000000 0.976951

C:\Users\odaka\ch3>type eor.txt
```

第3章 自然言語文解析への深層学習の適用

■ 実行例 3.3 （つづき）

```
0 0 0
0 1 1        ← EORすなわち排他的論理和に
1 0 1          対応する入出力データ
1 1 0
C:\Users\odaka\ch3>bp <eor.txt
0.064486 0.440718 -0.108188 0.934996 -0.791437 0.399884
-0.875362 0.049715 0.991211
学習データの個数：4
1    1.975691
2    2.350580
3    2.172687
4    2.596810
5    2.040317
（以下、誤差の推移が表示される）
1195    0.001016
1196    0.001013
1197    0.001011
1198    0.001009
1199    0.001006
1200    0.001004
1201    0.001002
1202    0.001000     ← 1,202回の繰り返しの後
                       にEOR演算を獲得
5.647490 -7.246630 2.728460 9.836179 -7.984091 -4.424533
9.225448 -8.983258 -4.337078
0 0.000000 0.000000 0.000000 0.018448
1 0.000000 1.000000 1.000000 0.983520
2 1.000000 0.000000 1.000000 0.983805
3 1.000000 1.000000 0.000000 0.010888

C:\Users\odaka\ch3>
```

3.4 畳み込みニューラルネットの実装

3.4.1 畳み込みニューラルネットの構成

畳み込み演算とプーリング処理、および全結合型ニューラルネットがそれぞれできあがったので、これらを組み合わせて畳み込みニューラルネットを構成しましょう。ここでは、畳み込みとプーリングを行うconvpool.cプログラムと、全結合型ニューラルネットのプログラムであるbp.cを組み合わせて畳み込みニューラルネットを実現します。

図3.14に、畳み込みニューラルネットプログラムcnn.cの構成を示します。図にあるように、cnn.cプログラムは、convpool.cプログラムとbp.cプログラムを組み合わせた形式のプログラムです。

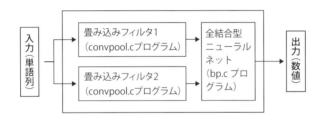

■図3.14　畳み込みニューラルネットプログラムcnn.cの構成

図3.14で、それぞれの畳み込みフィルタは、記号定数VOCSIZEおよびWORDLENで規定された領域の1-of-N表現単語列に対して、畳み込み処理とプーリング処理を行います。畳み込みフィルタとして、2種類のフィルタを天下り式に与えます。畳み込みフィルタ1として、単語の順接関係を検出するフィルタを、また、畳み込みフィルタ2として単語の繰り返しを検出するフィルタを設定します。これらのフィルタはそれぞれ出力として、**図3.15**に示す個数の数値を与えます。そこで後段の全結合型ニューラルネットでは、これらの数値を入力とする処理を行います。

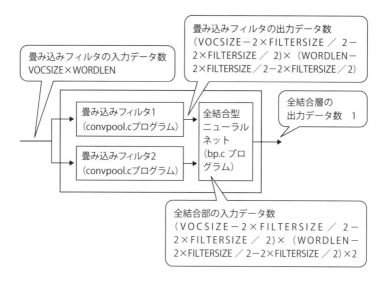

■ 図3.15　畳み込みフィルタと全結合型ニューラルネットとのデータの受け渡し関係

3.4.2　畳み込みニューラルネットによる1-of-N表現データの学習

　cnn.cプログラムは、convpool.cプログラムとbp.cプログラムを組み合わせたプログラムです。その内部構造は、**図3.16**に示したような形式となります。図3.16では、cnn.cプログラムに含まれていてmain()関数から直接呼び出される代表的な関数群を示しています。

3.4 畳み込みニューラルネットの実装

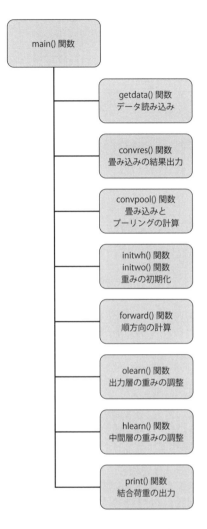

■ 図 3.16　cnn.c プログラムの内部構造（main() 関数から直接呼び出される代表的な関数群）

リスト3.3に、cnn.c プログラムを示します。

■ リスト 3.3　cnn.c プログラム

```
1:/************************************************************/
2:/*                    cnn.c                                 */
3:/*    畳み込み演算を伴うニューラルネット                      */
```

■ リスト3.3 （つづき）

```
 4:/* 使い方                                           */
 5:/*  ¥Users¥odaka¥ch3>cnn < data.txt > result.txt    */
 6:/*  誤差の推移や，学習結果となる結合係数などを出力します */
 7:/************************************************/
 8:
 9:/*Visual Studioとの互換性確保 */
10:#define _CRT_SECURE_NO_WARNINGS
11:
12:/* ヘッダファイルのインクルード*/
13:#include <stdio.h>
14:#include <stdlib.h>
15:#include <math.h>
16:
17:/*記号定数の定義*/
18:#define VOCSIZE 12     /*1-of-N表現の語彙数（次数）*/
19:#define WORDLEN 7      /*1-of-N表現の単語の連鎖数*/
20:#define FILTERSIZE 3   /*フィルタの大きさ*/
21:#define POOLSIZE 3     /*プーリングサイズ*/
22:#define FILTERNO 2     /*フィルタの個数*/
23:
24:#define INPUTNO 48     /*入力層のセル数*/
25:   /*語彙数と単語連鎖数から決定（(12-2-2)*(7-2-2))*FILTERNO*/
26:#define HIDDENNO 2     /*中間層のセル数*/
27:#define ALPHA  10      /*学習係数*/
28:#define SEED 7         /*乱数のシード*/
29:#define MAXINPUTNO 100 /*学習データの最大個数*/
30:#define BIGNUM 100     /*誤差の初期値*/
31:#define LIMIT 0.01     /*誤差の上限値*/
32:
33:/*関数のプロトタイプの宣言*/
34:void convpool(double s[WORDLEN][VOCSIZE],
35:              double mfilter[FILTERNO][FILTERSIZE][FILTERSIZE],
36:              double se[INPUTNO+1],
37:              double teacher);       /*畳み込みとプーリング*/
38:void conv(double filter[][FILTERSIZE]
39:    ,double sentence[][VOCSIZE]
40:    ,double convout[][VOCSIZE]);     /*畳み込みの計算*/
41:double calcconv(double filter[][FILTERSIZE]
```

■ リスト3.3 （つづき）

```
42:                  ,double sentence[][VOCSIZE],int i,int j);
43:                                    /*フィルタの適用*/
44:void convres(double convout[][VOCSIZE]);/*畳み込みの結果出力*/
45:int getdata(double sentence[MAXINPUTNO][WORDLEN][VOCSIZE],
46:             double teacher[MAXINPUTNO]);/*データ読み込み*/
47:void poolres(double poolout[][VOCSIZE]);/*プーリング出力*/
48:void pool(double convout[][VOCSIZE]
49:          ,double poolout[][VOCSIZE]);   /*プーリングの計算*/
50:double maxpooling(double convout[][VOCSIZE]
51:                  ,int i,int j);        /* 最大値プーリング*/
52:double f(double u);                  /*伝達関数（シグモイド関数）*/
53:void initwh(double wh[HIDDENNO][INPUTNO+1]);
54:                                    /*中間層の重みの初期化*/
55:void initwo(double wo[HIDDENNO+1]);    /*出力層の重みの初期化*/
56:double drnd(void);                   /*乱数の生成*/
57:void print(double wh[HIDDENNO][INPUTNO+1]
58:           ,double wo[HIDDENNO+1]);    /*結果の出力*/
59:double forward(double wh[HIDDENNO][INPUTNO+1]
60:              ,double wo[HIDDENNO+1],double hi[]
61:              ,double e[INPUTNO+1]);   /*順方向の計算*/
62:void olearn(double wo[HIDDENNO+1],double hi[]
63:            ,double e[INPUTNO+1],double o);/*出力層の重みの調整*/
64:void hlearn(double wh[HIDDENNO][INPUTNO+1]
65:            ,double wo[HIDDENNO+1],double hi[]
66:            ,double e[INPUTNO+1],double o);/*中間層の重みの調整*/
67:
68:/******************/
69:/*    main()関数    */
70:/******************/
71:int main()
72:{
73: double mfilter[FILTERNO][FILTERSIZE][FILTERSIZE]
74:     ={
75:         {{1,0,0},{0,1,0},{0,0,1}} ,
76:         {{1,0,0},{1,0,0},{1,0,0}}
77:     };/*フィルタ群*/
78: double sentence[MAXINPUTNO][WORDLEN][VOCSIZE];/*入力データ*/
79: double convout[WORDLEN][VOCSIZE]={0};/*畳み込み出力*/
```

■ リスト 3.3 （つづき）

```
 80: double poolout[WORDLEN][VOCSIZE]={0};/*出力データ*/
 81:
 82: double teacher[MAXINPUTNO];          /*教師データ*/
 83: double wh[HIDDENNO][INPUTNO+1];      /*中間層の重み*/
 84: double wo[HIDDENNO+1];               /*出力層の重み*/
 85: double e[MAXINPUTNO][INPUTNO+1];     /*学習データセット*/
 86: double hi[HIDDENNO+1];               /*中間層の出力*/
 87: double o;                            /*出力*/
 88: double err=BIGNUM;                   /*誤差の評価*/
 89: int i,j;                             /*繰り返しの制御*/
 90: int n_of_e;                          /*学習データの個数*/
 91: int count=0;                         /*繰り返し回数のカウンタ*/
 92:
 93: /*乱数の初期化*/
 94: srand(SEED);
 95:
 96: /*重みの初期化*/
 97: initwh(wh);   /*中間層の重みの初期化*/
 98: initwo(wo);   /*出力層の重みの初期化*/
 99: print(wh,wo);/*結果の出力*/
100:
101: /*学習データの読み込み*/
102: n_of_e=getdata(sentence,teacher);
103: printf("学習データの個数:%d¥n",n_of_e);
104:
105: /*畳み込みとプーリングの計算*/
106: for(i=0;i<n_of_e;++i){
107:   convpool(sentence[i],mfilter,e[i],teacher[i]);
108: }
109:
110: /*学習*/
111: while(err>LIMIT){
112:   err=0.0;
113:   for(j=0;j<n_of_e;++j){
114:     /*順方向の計算*/
115:     o=forward(wh,wo,hi,e[j]);
116:     /*出力層の重みの調整*/
117:     olearn(wo,hi,e[j],o);
```

■ リスト 3.3 （つづき）

```
118:    /*中間層の重みの調整*/
119:    hlearn(wh,wo,hi,e[j],o);
120:    /*誤差の積算*/
121:    err+=(o-e[j][INPUTNO])*(o-e[j][INPUTNO]);
122:  }
123:  ++count;
124:  /*誤差の出力*/
125:  fprintf(stderr,"%d\t%lf\n",count,err);
126: }/*学習終了*/
127:
128: /*結合荷重の出力*/
129: print(wh,wo);
130:
131: /*学習データに対する出力*/
132: for(i=0;i<n_of_e;++i){
133:   printf("%d\n",i);
134:   for(j=0;j<INPUTNO+1;++j)
135:     printf("%lf ",e[i][j]);
136:   printf("\n");
137:   o=forward(wh,wo,hi,e[i]);
138:   printf("%lf\n\n",o);
139: }
140:
141: return 0;
142:}
143:
144:/*********************/
145:/*   poolres()関数      */
146:/*    結果出力         */
147:/*********************/
148:void poolres(double poolout[][VOCSIZE])
149:{
150: int i,j;                             /*繰り返しの制御*/
151: int startpoint=FILTERSIZE/2+POOLSIZE/2;/*プーリング計算範囲の下限*/
152:
153: for(i=startpoint;i<WORDLEN-startpoint;++i){
154:   for(j=startpoint;j<VOCSIZE-startpoint;++j)
155:     printf("%.3lf ",poolout[i][j]);
```

■リスト3.3 （つづき）

```
156:   printf("\n");
157:  }
158:  printf("\n");
159:}
160:
161:/**********************/
162:/*  pool()関数         */
163:/*  プーリングの計算    */
164:/**********************/
165:void pool(double convout[][VOCSIZE]
166:          ,double poolout[][VOCSIZE])
167:{
168:  int i,j;                          /*繰り返しの制御*/
169:  int startpoint=FILTERSIZE/2+POOLSIZE/2;/*プーリング計算範囲の下限*/
170:
171:  for(i=startpoint;i<WORDLEN-startpoint;++i)
172:   for(j=startpoint;j<VOCSIZE-startpoint;++j)
173:    poolout[i][j]=maxpooling(convout,i,j);
174:}
175:
176:/**********************/
177:/* maxpooling()関数    */
178:/* 最大値プーリング    */
179:/**********************/
180:double maxpooling(double convout[][VOCSIZE]
181:                 ,int i,int j)
182:{
183:  int m,n;   /*繰り返しの制御用*/
184:  double max;/*最大値*/
185:
186:  max =convout[i+POOLSIZE/2][j+POOLSIZE/2];
187:  for(m=i-POOLSIZE/2;m<=i+POOLSIZE/2;++m)
188:   for(n=j-POOLSIZE/2;n<=j+POOLSIZE/2;++n)
189:    if(max<convout[m][n]) max=convout[m][n];
190:
191:  return max;
192:}
193:
```

3.4 畳み込みニューラルネットの実装

■ リスト3.3 （つづき）

```
194:/*********************/
195:/*  convres()関数       */
196:/*  畳み込みの結果出力    */
197:/*********************/
198:void convres(double convout[][VOCSIZE])
199:{
200: int i,j;                    /*繰り返しの制御*/
201: int startpoint=FILTERSIZE/2;/*出力範囲の下限*/
202:
203: for(i=startpoint;i<WORDLEN-1;++i){
204:  for(j=startpoint;j<VOCSIZE-1;++j){
205:   printf("%.3lf ",convout[i][j]);
206:  }
207:  printf("\n");
208: }
209: printf("\n");
210:}
211:
212:/*********************/
213:/*   conv()関数        */
214:/*   畳み込みの計算     */
215:/*********************/
216:void conv(double filter[][FILTERSIZE]
217:         ,double sentence[][VOCSIZE],double convout[][VOCSIZE])
218:{
219: int i=0,j=0;                 /*繰り返しの制御用*/
220: int startpoint=FILTERSIZE/2;/*畳み込み範囲の下限*/
221:
222: for(i=startpoint;i<WORDLEN-startpoint;++i)
223:  for(j=startpoint;j<VOCSIZE-startpoint;++j)
224:   convout[i][j]=calcconv(filter,sentence,i,j);
225:}
226:
227:/*********************/
228:/*  calcconv()関数      */
229:/*  フィルタの適用       */
230:/*********************/
231:double calcconv(double filter[][FILTERSIZE]
```

■ リスト3.3 （つづき）

```
232:              ,double sentence[][VOCSIZE],int i,int j)
233:{
234: int m,n;     /*繰り返しの制御用*/
235: double sum=0;/*和の値*/
236:
237: for(m=0;m<FILTERSIZE;++m)
238:  for(n=0;n<FILTERSIZE;++n)
239:   sum+=sentence[i-FILTERSIZE/2+m][j-FILTERSIZE/2+n]*filter[m][n];
240:
241: return sum;
242:}
243:
244:/***********************/
245:/*  convpool()関数       */
246:/*   畳み込みとプーリング   */
247:/***********************/
248:void convpool(double s[WORDLEN][VOCSIZE],
249:              double mfilter[FILTERNO][FILTERSIZE][FILTERSIZE],
250:              double se[INPUTNO+1],
251:              double teacher)
252:{
253: int i,j,k;
254: int startpoint=FILTERSIZE/2+POOLSIZE/2;/*プーリング計算範囲の下限*/
255: /*各フィルタを用いて畳み込みとプーリングを実行*/
256: for(i=0;i<FILTERNO;++i){
257:  double convout[WORDLEN][VOCSIZE]={0};/*畳み込み出力*/
258:  double poolout[WORDLEN][VOCSIZE]={0};/*出力データ*/
259:
260:  /*畳み込みの計算*/
261:  conv(mfilter[i],s,convout);
262:
263:  /*畳み込み演算の結果出力*/
264:  convres(convout);
265:
266:  /*プーリングの計算*/
267:  pool(convout,poolout);
268:
269:  /*結果の出力*/
```

■ リスト3.3 （つづき）

```
270:  poolres(poolout);
271:
272:  /*畳み込み計算の結果を、全結合部への入力として代入*/
273:  for(j=startpoint;j<WORDLEN-startpoint;++j){
274:   for(k=startpoint;k<VOCSIZE-startpoint;++k)
275:    se[i*INPUTNO/FILTERNO+(j-startpoint)*(VOCSIZE-startpoint*2)+(k-startpoint)]
276:       =poolout[j][k];
277:  }
278: }  /*教師データの代入*/
279: se[i*INPUTNO/FILTERNO]=teacher;
280:
281:}
282:
283:/*********************/
284:/*  hlearn()関数       */
285:/*  中間層の重み学習    */
286:/*********************/
287:void hlearn(double wh[HIDDENNO][INPUTNO+1]
288:     ,double wo[HIDDENNO+1]
289:     ,double hi[],double e[INPUTNO+1],double o)
290:{
291: int i,j;   /*繰り返しの制御*/
292: double dj;/*中間層の重み計算に利用*/
293:
294: for(j=0;j<HIDDENNO;++j){/*中間層の各セルjを対象*/
295:  dj=hi[j]*(1-hi[j])*wo[j]*(e[INPUTNO]-o)*o*(1-o);
296:  for(i=0;i<INPUTNO;++i)/*i番目の重みを処理*/
297:   wh[j][i]+=ALPHA*e[i]*dj;
298:  wh[j][i]+=ALPHA*(-1.0)*dj;/*しきい値の学習*/
299: }
300:}
301:
302:/*********************/
303:/*  getdata()関数      */
304:/*  学習データの読み込み */
305:/*********************/
306:int getdata(double sentence[MAXINPUTNO][WORDLEN][VOCSIZE],
```

■ リスト3.3 （つづき）

```
307:            double teacher[MAXINPUTNO])
308:{
309: int i=0,j=0,k=0;/*繰り返しの制御用*/
310:
311: /*データの入力*/
312: while(scanf("%lf",&teacher[i])!=EOF){/*教師データの読み込み*/
313:  /*単語列データの読み込み*/
314:  while(scanf("%lf",&sentence[i][j][k])!=EOF){
315:   ++k;
316:   if(k>=VOCSIZE){/*次のデータ*/
317:    k=0;
318:    ++j;
319:    if(j>=WORDLEN) break;/*入力終了*/
320:   }
321:  }
322:  j=0; k=0;
323:  ++i;
324:  if(i>MAXINPUTNO) break;/*入力終了*/
325: }
326: return i;
327:}
328:
329:/*********************/
330:/*  olearn()関数      */
331:/*  出力層の重み学習   */
332:/*********************/
333:void olearn(double wo[HIDDENNO+1]
334:     ,double hi[],double e[INPUTNO+1],double o)
335:{
336: int i;    /*繰り返しの制御*/
337: double d;/*重み計算に利用*/
338:
339: d=(e[INPUTNO]-o)*o*(1-o);/*誤差の計算*/
340: for(i=0;i<HIDDENNO;++i)
341:  wo[i]+=ALPHA*hi[i]*d;/*重みの学習*/
342: wo[i]+=ALPHA*(-1.0)*d;/*しきい値の学習*/
343:}
344:
```

■リスト3.3 （つづき）

```
345:/*********************/
346:/*  forward()関数      */
347:/*   順方向の計算       */
348:/*********************/
349:double forward(double wh[HIDDENNO][INPUTNO+1]
350:  ,double wo[HIDDENNO+1],double hi[],double e[INPUTNO+1])
351:{
352: int i,j; /*繰り返しの制御*/
353: double u;/*重み付き和の計算*/
354: double o;/*出力の計算*/
355:
356: /*hiの計算*/
357: for(i=0;i<HIDDENNO;++i){
358:  u=0;/*重み付き和を求める*/
359:  for(j=0;j<INPUTNO;++j)
360:   u+=e[j]*wh[i][j];
361:  u-=wh[i][j];/*しきい値の処理*/
362:  hi[i]=f(u);
363: }
364: /*出力oの計算*/
365: o=0;
366: for(i=0;i<HIDDENNO;++i)
367:  o+=hi[i]*wo[i];
368: o-=wo[i];/*しきい値の処理*/
369:
370: return f(o);
371:}
372:
373:/*********************/
374:/*   print()関数       */
375:/*    結果の出力       */
376:/*********************/
377:void print(double wh[HIDDENNO][INPUTNO+1]
378:           ,double wo[HIDDENNO+1])
379:{
380: int i,j;/*繰り返しの制御*/
381:
382: for(i=0;i<HIDDENNO;++i)
```

■ リスト3.3 （つづき）

```
383:    for(j=0;j<INPUTNO+1;++j)
384:      printf("%lf ",wh[i][j]);
385:  printf("\n");
386:  for(i=0;i<HIDDENNO+1;++i)
387:    printf("%lf ",wo[i]);
388:  printf("\n");
389:}
390:
391:/***********************/
392:/*    initwh()関数      */
393:/*中間層の重みの初期化  */
394:/***********************/
395:void initwh(double wh[HIDDENNO][INPUTNO+1])
396:{
397:  int i,j;/*繰り返しの制御*/
398:
399:  /*乱数による重みの決定*/
400:  for(i=0;i<HIDDENNO;++i)
401:    for(j=0;j<INPUTNO+1;++j)
402:      wh[i][j]=drnd();
403:}
404:
405:/***********************/
406:/*    initwo()関数      */
407:/*出力層の重みの初期化  */
408:/***********************/
409:void initwo(double wo[HIDDENNO+1])
410:{
411:  int i;/*繰り返しの制御*/
412:
413:  /*乱数による重みの決定*/
414:  for(i=0;i<HIDDENNO+1;++i)
415:    wo[i]=drnd();
416:}
417:
418:/*******************/
419:/* drnd()関数      */
420:/* 乱数の生成      */
```

■ リスト3.3 （つづき）

```
421:/******************/
422:double drnd(void)
423:{
424: double rndno;/*生成した乱数*/
425:
426: while((rndno=(double)rand()/RAND_MAX)==1.0);
427: rndno=rndno*2-1;/*-1から1の間の乱数を生成*/
428: return rndno;
429:}
430:
431:/******************/
432:/*  f()関数         */
433:/*  伝達関数        */
434:/*(シグモイド関数)  */
435:/******************/
436:double f(double u)
437:{
438: return 1.0/(1.0+exp(-u));
439:}
```

実行例3.4に、cnn.cプログラムの実行例を示します。ここでは、1-of-N表現の単語列を与え、その単語列が文書のどの部分に出現したかを学習させています。この学習により、適当な単語の並びを与えられることで、CNNはその単語列が文章の最初に出現するのか、あるいは中間部に出現するのか、または、最後の部分に出現するのかといった判断を行えるようになります。

学習データセットはcnndata.txtという名称のファイルに格納しています。cnndata.txtは、複数の学習データを含んでいます。個々の学習データは、教師データ一つと、それに対応する1-of-N表現の単語列から構成されます。この例では、cnndata.txtファイルには三つの学習データが含まれており、それぞれ教師データ0、0.5および1に対応しています。これらの値は、文章の先頭を0、終わりを1として割合で表した場合の、該当する1-of-N表現の単語列が出現する箇所を示す数値です。この例では、最初の学習データは文章の先頭に出現し、二つ目は文章の中頃に現れ、三つ目の学習データは文章の最後に出現するものであることを意味します。

ここでは、学習データセットcnndata.txtを用いてcnn.cプログラムを実行しています。cnn.cプログラムは、結合荷重の初期値や学習データを表示した後、学習に

第3章　自然言語文解析への深層学習の適用

伴う誤差の推移を表示します。誤差が記号定数LIMITによってあらかじめ与えた一定値以下になると、学習の繰り返しを終了します。その後、学習によって獲得したネットワークの重みの値を出力します。

さらにcnn.cプログラムは、学習し終えたCNNを使って、学習データセットに対するネットワーク出力を計算して表示します。この例では、教師データ0に対するネットワークの出力値は0.001028、同じく0.5に対して0.554192、そして1に対して0.975405という出力を得ています。

■実行例3.4　cnn.cプログラムの実行例

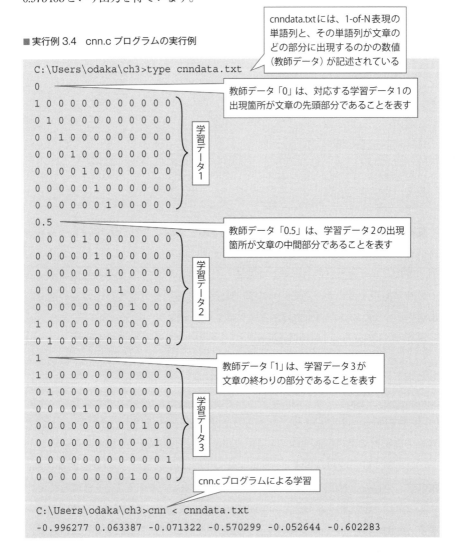

■ 実行例 3.4 （つづき）

```
0.840388 -0.280129 0.692373 0.241737 -0.705924 0.734001 0.528489
0.086520 -0.264992 -0.620655 -0.996155 0.476424 -0.034883
-0.053194 -0.842524 -0.439375 0.736808 -0.421857 0.365642
-0.194433 -0.133213 0.175939 -0.136937 -0.320475 0.431501 0.066622
-0.996704 -0.877132 -0.392987 -0.269631 -0.680532 -0.384625
-0.283364 0.909726 0.448225 0.654286 0.046968 -0.590381 0.979736
-0.545457 0.997070 0.901364 0.295633 -0.315348 -0.878842 0.042817
0.458174 0.049471 0.629627 0.228004 0.212134 0.534165 -0.092013
0.277627 0.163244 -0.880184 0.619312 -0.616688 -0.806146 0.785089
-0.050020 0.619373 -0.819514 -0.395550 -0.436323 0.331767
0.074007 -0.241981 -0.176061 -0.279885 0.405377 0.262673 0.849055
-0.077364 -0.719413 -0.761101 0.961669 0.917783 0.925718 0.525803
0.095065 -0.445357 -0.155248 0.455184 0.719657 -0.974975 -0.345134
-0.400922 -0.149510 -0.910642 -0.342021 -0.697623
0.700186 -0.631397 0.214637
```
学習データの個数：3
```
3.000 0.000 0.000 0.000 0.000 0.000 0.000 0.000 0.000 0.000
0.000 3.000 0.000 0.000 0.000 0.000 0.000 0.000 0.000 0.000
0.000 0.000 3.000 0.000 0.000 0.000 0.000 0.000 0.000 0.000
0.000 0.000 0.000 3.000 0.000 0.000 0.000 0.000 0.000 0.000
0.000 0.000 0.000 0.000 3.000 0.000 0.000 0.000 0.000 0.000

3.000 3.000 3.000 0.000 0.000 0.000 0.000 0.000
3.000 3.000 3.000 3.000 0.000 0.000 0.000 0.000
3.000 3.000 3.000 3.000 3.000 0.000 0.000 0.000
```
（以下、入力データなどに関する表示が続く）
```
1       0.629662
2       1.168984     ◁── 学習の進展に伴う誤差値の推移
3       1.276232
4       1.180778
5       1.210188
6       1.148700
7       1.108045
8       1.174452
9       1.259530
10      1.176820
11      1.243292
12      1.169863
```

■ 実行例 3.4 （つづき）

```
13     1.276409
14     1.181174
15     1.207067
```
（以下、全結合型ニューラルネットの学習に伴う誤差の推移が表示される）
```
11904 0.068124
11905 0.004333
```
学習終了、学習結果であるネットワークの重みの値が出力される

```
-0.917595 -0.193450 -0.056820 0.036557 0.554212 0.004574 1.782763
0.390907 0.435537 -0.015100 -0.962760 0.748502 1.135345 0.693376
0.677382 0.566792 -1.588510 -0.115931 -0.291719 -0.310031
-0.828023 0.167481 1.679183 0.765589 0.503709 -0.056367 0.095299
0.404452 0.091576 -0.230029 0.521947 0.492586 -0.768191 -0.739066
-0.254920 -0.041118 -0.452020 -0.491630 -0.192918 1.335690
0.341220 0.547281 0.185035 -0.452314 1.208248 -0.652463 1.225583
1.327328 0.067120 -0.329434 -0.669896 0.666918 0.650297 0.241593
0.821750 0.197094 -0.233930 0.743111 0.116932 0.486572 0.787344
-0.688062 0.811435 -0.647597 -1.198473 1.217066 0.381958 0.828319
-0.610568 0.228550 -0.244201 0.300857 -0.318319 -0.321021
-0.255101 -0.220540 0.464723 0.322018 0.987440 0.061020 -0.804060
-0.701756 0.882629 0.838744 0.985063 0.585149 0.377443 -0.306972
-0.239895 0.737561 1.002034 -1.054014 -0.424173 -0.341576 0.132867
-0.851296 -0.426668 -0.756968
7.096705 -3.717602 3.162006

0
0.000000 0.000000 0.000000 0.000000 0.000000 0.000000 0.000000
0.000000 0.000000 0.000000 0.000000 0.000000 0.000000 0.000000
0.000000 0.000000 0.000000 0.000000 0.000000 0.000000 0.000000
0.000000 0.000000 0.000000 0.000000 0.000000 0.000000 0.000000
0.000000 0.000000 0.000000 0.000000 0.000000 3.000000 3.000000
3.000000 0.000000 0.000000 0.000000 0.000000 0.000000 0.000000
0.000000 0.000000 0.000000 0.000000 3.000000 3.000000 3.000000
0.000000 0.000000 0.000000 0.000000 0.000000 0.000000 0.000000
0.001028
```
教師データ 0、学習後のネットワーク出力は 0.001028

```
1
0.000000 1.000000 1.000000 1.000000 1.000000 1.000000 0.000000
0.000000 0.000000 0.000000 0.000000 0.000000 0.000000 1.000000
1.000000 1.000000 1.000000 1.000000 1.000000 0.000000 0.000000
```

■実行例 3.4 （つづき）

```
0.000000 0.000000 0.000000 0.000000 1.000000 0.000000 0.000000
3.000000 3.000000 3.000000 3.000000 3.000000 0.000000 0.000000
0.000000 0.000000 0.000000 0.000000 0.000000 0.000000 3.000000
3.000000 3.000000 3.000000 2.000000 0.000000 0.000000 0.500000
0.554192
```

> 教師データ 0.5、学習後のネットワーク出力は 0.554192

```
2
0.000000 0.000000 0.000000 1.000000 1.000000 1.000000 1.000000
1.000000 1.000000 0.000000 0.000000 0.000000 0.000000 0.000000
0.000000 0.000000 1.000000 1.000000 0.000000 0.000000 0.000000
0.000000 0.000000 0.000000 0.000000 1.000000 2.000000 1.000000
1.000000 1.000000 1.000000 1.000000 2.000000 2.000000 0.000000
0.000000 0.000000 0.000000 0.000000 1.000000 1.000000 0.000000
1.000000 1.000000 0.000000 3.000000 0.000000 0.000000 1.000000
0.975405
```

> 教師データ1、学習後のネットワーク出力は 0.975405028

```
C:\Users\odaka\ch3>
```

3.4.3 CNNによる単語列評価

本章の最後に、cnn.cプログラムの学習結果を利用して、与えられた未知のデータを評価する方法を示します。

例題として、ある文が文章のどの部分に出現するのかを評価することを考えます。実行例3.4に示した学習結果を用いると、ある単語列が文章の最初の部分に現れるか、それとも後の部分に現れるかの評価が可能です。そこで、学習データセットに含まれない未知の単語列をいくつか作成し、これらの出現順をCNNを用いて決定することを考えます。

未知の単語列は、第2章で示したmakenewvec.cプログラムを用いて作成します。makenewvec.cプログラムは新しい文を生成することができますが、生成された複数の文の並び順を決めることはできません。そこで、生成された複数の文の並び順を決定するためにCNNを用いるのです（**図3.17**）。

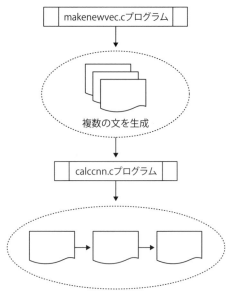

■図3.17　makenewvec.c プログラムの生成した文の並び順を CNN により決定する

　cnn.c プログラムで学習した結果を利用するためには、cnn.c プログラムが獲得した学習結果を、未知のデータに対して適用するプログラムが必要です。このために以下では、cnn.c プログラムの学習結果を利用して、学習抜きでCNNの出力を求めるプログラムであるcalccnn.c プログラムを作成します。

　calccnn.c プログラムは、cnn.c プログラムが学習終了後に出力した結合荷重データを利用して、ある入力データに対するネットワーク出力を計算するプログラムです。したがって、calccnn.c プログラムとcnn.c プログラムとの違いは以下のようになります。

① main()関数における学習処理と、学習に関係する関数を削除
② cnn.c プログラムの出力した結合荷重を読み取る仕組みを追加

　これらの追加削除を施したcalccnn.c プログラムは、cnn.c プログラムを短く切り詰めたようなプログラムとなります。calccnn.c プログラムを**リスト3.4**に示します。

3.4 畳み込みニューラルネットの実装

■ リスト 3.4　calccnn.c プログラム

```
 1:/************************************************************/
 2:/*                  calccnn.c                                */
 3:/* cnn.cプログラムの学習結果を使ってCNNを計算する             */
 4:/* 使い方                                                    */
 5:/*   ¥Users¥odaka¥ch3>calccnn < data.txt                     */
 6:/************************************************************/
 7:
 8:/*Visual Studioとの互換性確保 */
 9:#define _CRT_SECURE_NO_WARNINGS
10:
11:/* ヘッダファイルのインクルード*/
12:#include <stdio.h>
13:#include <stdlib.h>
14:#include <math.h>
15:
16:/*記号定数の定義*/
17:#define VOCSIZE 12   /*1-of-N表現の語彙数（次数）*/
18:#define WORDLEN 7    /*1-of-N表現の単語の連鎖数*/
19:#define FILTERSIZE 3 /*フィルタの大きさ*/
20:#define POOLSIZE 3   /*プーリングサイズ*/
21:#define FILTERNO 2   /*フィルタの個数*/
22:
23:#define INPUTNO 48   /*入力層のセル数*/
24:   /*語彙数と単語連鎖数から決定（(12-2-2)*(7-2-2)）*FILTERNO*/
25:#define HIDDENNO 2   /*中間層のセル数*/
26:#define ALPHA   10   /*学習係数*/
27:#define SEED 7       /*乱数のシード*/
28:#define MAXINPUTNO 100/*学習データの最大個数*/
29:
30:/*関数のプロトタイプの宣言*/
31:void convpool(double s[WORDLEN][VOCSIZE],
32:             double mfilter[FILTERNO][FILTERSIZE][FILTERSIZE],
33:             double se[INPUTNO+1]);    /*畳み込みとプーリング*/
34:void conv(double filter[][FILTERSIZE]
35:     ,double sentence[][VOCSIZE]
36:     ,double convout[][VOCSIZE]);      /*畳み込みの計算*/
37:double calcconv(double filter[][FILTERSIZE]
38:             ,double sentence[][VOCSIZE],int i,int j);
```

■ リスト3.4 （つづき）

```
39:                                    /*フィルタの適用  */
40:void convres(double convout[][VOCSIZE]);/*畳み込みの結果出力*/
41:int getdata(double sentence[MAXINPUTNO][WORDLEN][VOCSIZE]);
42:                                    /*データ読み込み*/
43:void poolres(double poolout[][VOCSIZE]);/*プーリング出力*/
44:void pool(double convout[][VOCSIZE]
45:          ,double poolout[][VOCSIZE]);   /*プーリングの計算*/
46:double maxpooling(double convout[][VOCSIZE]
47:                  ,int i,int j);        /*最大値プーリング*/
48:double f(double u);                     /*伝達関数（シグモイド関数）*/
49:void readwh(double wh[HIDDENNO][INPUTNO+1]);
50:                                    /*中間層の重みの初期化*/
51:void readwo(double wo[HIDDENNO+1]);   /*出力層の重みの初期化*/
52:
53:void print(double wh[HIDDENNO][INPUTNO+1]
54:           ,double wo[HIDDENNO+1]);     /*結果の出力*/
55:double forward(double wh[HIDDENNO][INPUTNO+1]
56:           ,double wo[HIDDENNO+1],double hi[]
57:           ,double e[INPUTNO+1]);       /*順方向の計算*/
58:
59:/*******************/
60:/*    main()関数    */
61:/*******************/
62:int main()
63:{
64: double mfilter[FILTERNO][FILTERSIZE][FILTERSIZE]
65:     ={
66:        {{1,0,0},{0,1,0},{0,0,1}} ,
67:        {{1,0,0},{1,0,0},{1,0,0}}
68:        };                             /*フィルタ群*/
69: double sentence[MAXINPUTNO][WORDLEN][VOCSIZE];/*入力データ*/
70: double convout[WORDLEN][VOCSIZE]={0};      /*畳み込み出力*/
71: double poolout[WORDLEN][VOCSIZE]={0};      /*出力データ*/
72:
73: double wh[HIDDENNO][INPUTNO+1];  /*中間層の重み*/
74: double wo[HIDDENNO+1];           /*出力層の重み*/
75: double e[MAXINPUTNO][INPUTNO+1];/*学習データセット*/
76: double hi[HIDDENNO+1];           /*中間層の出力*/
```

3.4 畳み込みニューラルネットの実装

■ リスト 3.4 （つづき）

```
 77: double o;                      /*出力*/
 78: int i,j;                       /*繰り返しの制御*/
 79: int n_of_e;                    /*学習データの個数*/
 80: int count=0;                   /*繰り返し回数のカウンタ*/
 81:
 82: /*重みの読み込み*/
 83: readwh(wh);   /*中間層の重みの読み込み*/
 84: readwo(wo);   /*出力層の重みの読み込み*/
 85: print(wh,wo);/*結果の出力*/
 86:
 87: /*検査データの読み込み*/
 88: n_of_e=getdata(sentence);
 89: printf("検査データの個数:%d\n",n_of_e);
 90:
 91: /*畳み込みとプーリングの計算*/
 92: for(i=0;i<n_of_e;++i){
 93:   convpool(sentence[i],mfilter,e[i]);
 94: }
 95:
 96: /*結合荷重の出力*/
 97: print(wh,wo);
 98:
 99: /*学習データに対する出力*/
100: for(i=0;i<n_of_e;++i){
101:   printf("%d\n",i);
102:   for(j=0;j<INPUTNO;++j)
103:     printf("%lf ",e[i][j]);
104:   printf("\n");
105:   o=forward(wh,wo,hi,e[i]);
106:   printf("%lf\n\n",o);
107: }
108:
109: return 0;
110:}
111:/*********************/
112:/*  poolres()関数      */
113:/*    結果出力         */
114:/*********************/
```

■リスト3.4 （つづき）

```
115:void poolres(double poolout[][VOCSIZE])
116:{
117:  int i,j;                              /*繰り返しの制御*/
118:  int startpoint=FILTERSIZE/2+POOLSIZE/2;/*プーリング計算範囲の下限*/
119:
120:  for(i=startpoint;i<WORDLEN-startpoint;++i){
121:    for(j=startpoint;j<VOCSIZE-startpoint;++j)
122:      printf("%.3lf ",poolout[i][j]);
123:    printf("\n");
124:  }
125:  printf("\n");
126:}
127:
128:/**********************/
129:/*  pool()関数         */
130:/*  プーリングの計算    */
131:/**********************/
132:void pool(double convout[][VOCSIZE]
133:          ,double poolout[][VOCSIZE])
134:{
135:  int i,j;                              /*繰り返しの制御*/
136:  int startpoint=FILTERSIZE/2+POOLSIZE/2;/*プーリング計算範囲の下限*/
137:
138:  for(i=startpoint;i<WORDLEN-startpoint;++i)
139:    for(j=startpoint;j<VOCSIZE-startpoint;++j)
140:      poolout[i][j]=maxpooling(convout,i,j);
141:}
142:
143:/**********************/
144:/* maxpooling()関数    */
145:/* 最大値プーリング     */
146:/**********************/
147:double maxpooling(double convout[][VOCSIZE]
148:                  ,int i,int j)
149:{
150:  int m,n;    /*繰り返しの制御用*/
151:  double max;/*最大値*/
152:
```

■ リスト 3.4 (つづき)

```
153:  max=convout[i+POOLSIZE/2][j+POOLSIZE/2];
154:  for(m=i-POOLSIZE/2;m<=i+POOLSIZE/2;++m)
155:   for(n=j-POOLSIZE/2;n<=j+POOLSIZE/2;++n)
156:    if(max<convout[m][n]) max=convout[m][n];
157:
158:  return max;
159:}
160:
161:
162:/*********************/
163:/*  convres()関数     */
164:/*  畳み込みの結果出力  */
165:/*********************/
166:void convres(double convout[][VOCSIZE])
167:{
168: int i,j;                    /*繰り返しの制御*/
169: int startpoint=FILTERSIZE/2;/*出力範囲の下限*/
170:
171: for(i=startpoint;i<WORDLEN-1;++i){
172:  for(j=startpoint;j<VOCSIZE-1;++j){
173:   printf("%.3lf ",convout[i][j]);
174:  }
175:  printf("\n");
176: }
177: printf("\n");
178:}
179:
180:/*********************/
181:/*  conv()関数       */
182:/*  畳み込みの計算    */
183:/*********************/
184:void conv(double filter[][FILTERSIZE]
185:          ,double sentence[][VOCSIZE],double convout[][VOCSIZE])
186:{
187: int i=0,j=0;                /*繰り返しの制御用*/
188: int startpoint=FILTERSIZE/2;/*畳み込み範囲の下限*/
189:
190: for(i=startpoint;i<WORDLEN-startpoint;++i)
```

■リスト 3.4 （つづき）

```
191:    for(j=startpoint;j<VOCSIZE-startpoint;++j)
192:     convout[i][j]=calcconv(filter,sentence,i,j);
193:}
194:
195:/**********************/
196:/*  calcconv()関数     */
197:/*  フィルタの適用     */
198:/**********************/
199:double calcconv(double filter[][FILTERSIZE]
200:                ,double sentence[][VOCSIZE],int i,int j)
201:{
202: int m,n;      /*繰り返しの制御用*/
203: double sum=0;/*和の値*/
204:
205: for(m=0;m<FILTERSIZE;++m)
206:  for(n=0;n<FILTERSIZE;++n)
207:   sum+=sentence[i-FILTERSIZE/2+m][j-FILTERSIZE/2+n]*filter[m][n];
208:
209: return sum;
210:}
211:
212:/************************/
213:/*  convpool()関数       */
214:/*  畳み込みとプーリング */
215:/************************/
216:void convpool(double s[WORDLEN][VOCSIZE],
217:              double mfilter[FILTERNO][FILTERSIZE][FILTERSIZE],
218:              double se[INPUTNO+1])
219:{
220: int i,j,k;
221: int startpoint=FILTERSIZE/2+POOLSIZE/2;/*プーリング計算範囲の下限*/
222: /*各フィルタを用いて畳み込みとプーリングを実行*/
223: for(i=0;i<FILTERNO;++i){
224:  double convout[WORDLEN][VOCSIZE]={0};/*畳み込み出力*/
225:  double poolout[WORDLEN][VOCSIZE]={0};/*出力データ*/
226:  /*畳み込みの計算*/
227:  conv(mfilter[i],s,convout);
228:
```

■ リスト3.4（つづき）

```
229:    /*畳み込み演算の結果出力*/
230:    convres(convout);
231:
232:    /*プーリングの計算*/
233:    pool(convout,poolout);
234:
235:    /*結果の出力*/
236:    poolres(poolout);
237:
238:    /*畳み込み計算の結果を、全結合部への入力として代入*/
239:    for(j=startpoint;j<WORDLEN-startpoint;++j){
240:     for(k=startpoint;k<VOCSIZE-startpoint;++k)
241:      se[i*INPUTNO/FILTERNO+(j-startpoint)*(VOCSIZE-startpoint*2)+(k-startpoint)]
242:         =poolout[j][k];
243:    }
244:  }
245:}
246:
247:/*********************/
248:/*  getdata()関数     */
249:/*学習データの読み込み  */
250:/*********************/
251:int getdata(double sentence[MAXINPUTNO][WORDLEN][VOCSIZE])
252:{
253: int i=0,j=0,k=0;/*繰り返しの制御用*/
254:
255: /*データの入力*/
256: while(scanf("%lf",&sentence[i][j][k])!=EOF){
257:   ++k;
258:   if(k>=VOCSIZE){/*次のデータ*/
259:    k=0;
260:    ++j;
261:    if(j>=WORDLEN){/*次のデータセット*/
262:     j=0;
263:     ++i;
264:    }
265:   }
```

■ リスト 3.4　(つづき)

```
266:    if(i>MAXINPUTNO) break;/*入力終了*/
267:  }
268:  return i;
269:}
270:
271:/*********************/
272:/*   forward()関数      */
273:/*   順方向の計算        */
274:/*********************/
275:double forward(double wh[HIDDENNO][INPUTNO+1]
276:  ,double wo[HIDDENNO+1],double hi[],double e[INPUTNO+1])
277:{
278:  int i,j; /*繰り返しの制御*/
279:  double u;/*重み付き和の計算*/
280:  double o;/*出力の計算*/
281:
282:  /*hiの計算*/
283:  for(i=0;i<HIDDENNO;++i){
284:    u=0;/*重み付き和を求める*/
285:    for(j=0;j<INPUTNO;++j)
286:      u+=e[j]*wh[i][j];
287:    u-=wh[i][j];/*しきい値の処理*/
288:    hi[i]=f(u);
289:  }
290:  /*出力oの計算*/
291:  o=0;
292:  for(i=0;i<HIDDENNO;++i)
293:    o+=hi[i]*wo[i];
294:  o-=wo[i];/*しきい値の処理*/
295:
296:  return f(o);
297:}
298:
299:/*********************/
300:/*   print()関数        */
301:/*   結果の出力         */
302:/*********************/
303:void print(double wh[HIDDENNO][INPUTNO+1]
```

■ リスト3.4 (つづき)

```
304:           ,double wo[HIDDENNO+1])
305:{
306: int i,j;/*繰り返しの制御*/
307:
308: for(i=0;i<HIDDENNO;++i)
309:   for(j=0;j<INPUTNO+1;++j)
310:     printf("%lf ",wh[i][j]);
311: printf("\n");
312: for(i=0;i<HIDDENNO+1;++i)
313:   printf("%lf ",wo[i]);
314: printf("\n");
315:}
316:
317:/***********************/
318:/*    readwh()関数      */
319:/*中間層の重みの読み込み   */
320:/***********************/
321:void readwh(double wh[HIDDENNO][INPUTNO+1])
322:{
323: int i,j;/*繰り返しの制御*/
324:
325: /*重みの読み込み*/
326: for(i=0;i<HIDDENNO;++i)
327:   for(j=0;j<INPUTNO+1;++j)
328:     scanf("%lf",&(wh[i][j]));
329:}
330:
331:/***********************/
332:/*    readwo()関数      */
333:/*出力層の重みの読み込み   */
334:/***********************/
335:void readwo(double wo[HIDDENNO+1])
336:{
337: int i;/*繰り返しの制御*/
338:
339: /*重みの読み込み*/
340: for(i=0;i<HIDDENNO+1;++i)
341:   scanf("%lf",&(wo[i]));
```

■ リスト3.4　（つづき）

```
342:}
343:
344:/*******************/
345:/* f()関数           */
346:/* 伝達関数          */
347:/*(シグモイド関数)   */
348:/*******************/
349:double f(double u)
350:{
351:    return 1.0/(1.0+exp(-u));
352:}
```

　calccnn.cプログラムを使って計算を行うためには、あらかじめcnn.cプログラムを使ってネットワークの学習を行っておく必要があります。**実行例3.4**に示したように、cnn.cは学習終了に、学習結果であるネットワークの重みの値を出力します。calccnn.cプログラムでは、この重みの値を使って計算を行います。calccnn.cプログラムへの入力データは、重みの値と、計算対象となる1-of-N表現の単語列です。calccnn.cプログラムの実行に先立って、これらのデータを準備しておく必要があります（**図3.18**）。

3.4 畳み込みニューラルネットの実装

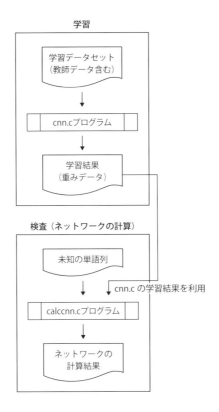

■図3.18 calccnn.c プログラムの実行手順

calccnn.cプログラムを用いて、makenewvec.cプログラムが生成した文の並び順を決定する実行例を、実行例3.5〜実行例3.7に示します。

実行例3.5では、text3.txtに格納された文を、makew1gram.cプログラムを使って単語の1-gramに変換し、w1gram.txtファイルに格納しています。次に、makevec.cプログラムで、単語の1-gram表現を1-of-N表現に変換します。この時点で、元の文書に含まれる単語数が45であることがわかります。これらの結果を利用して、makenewvec.cプログラムを異なる開始単語番号で3回起動することにより、三つの新しい文s1.txt〜s3.txtを生成します。

第3章 自然言語文解析への深層学習の適用

■実行例3.5　calccnn.cプログラムによる文の並び順の決定（1）

```
C:\Users\odaka\ch3>type text3.txt
　自然言語処理の技術を用いると、文書の要約や、文書どうしの類似性を評価すること
ができます。文書要約においては、ある文書に含まれる用語のうちから文書の特徴を表
す重要語を抽出したり、文書を表現する要約文を作成する技術が利用されています。ま
た、こうした技術を用いて、複数の文書どうしの類似性を数値で評価する手法が提案さ
れています。

C:\Users\odaka\ch3>makew1gram < text3.txt > w1gram.txt

C:\Users\odaka\ch3>makevec > makevecout.txt
単語数 45

C:\Users\odaka\ch3>makenewvec 45 0 makevecout.txt > s1.txt
単語数 45,開始単語番号 0

C:\Users\odaka\ch3>makenewvec 45 5 makevecout.txt > s2.txt
単語数 45,開始単語番号 5

C:\Users\odaka\ch3>makenewvec 45 20 makevecout.txt > s3.txt
単語数 45,開始単語番号 20
```

- 生成の元データとなる文書の内容（text3.txtファイル）
- makew1gram.cプログラムを使って単語の1-gramに変換
- 単語の1-gram表現を1-of-N表現に変換
- 開始単語番号を0として、makenewvec.cプログラムにより一つ目の文s1.txtを生成
- 開始単語番号を5として二つ目の文s2.txtを生成換
- 開始単語番号を20として三つ目の文s3.txtを生成
- 元データの解析と、新しい文の生成

　次の手順として、cnn.cプログラムの学習を実行します。その準備として、**実行例3.6**にあるように、cnn.cのソースコード18行目と24行目を、求めた単語数45に合わせて変更します。この変更には、たとえばnotepad（Windows付属のメモ帳ソフト）などのテキストエディタを用います。また、cnn.cプログラムの学習データとなるcnndata.txtファイルを作成します。以上の準備が整った後、cnn.cプログラムによる学習を実行します。学習結果は、ここでは、calccnndata.txtというファイルに保存しています。

■ 実行例 3.6　calccnn.c プログラムによる
　　　　　　　文の並び順の決定（2）

```
C:\Users\odaka\ch3>notepad cnn.c
```
← テキストエディタ notepad（メモ帳）を用いて、cnn.c のソースコード 18 行目と 24 行目を、単語数 45 に合わせて変更

```
変更内容（下線部）
18行目 #define VOCSIZE 12  /*1-of-N表現の語彙数（次数）*/
→      #define VOCSIZE 45  /*1-of-N表現の語彙数（次数）*/
24行目 #define INPUTNO 48 /*入力層のセル数*/
       /*語彙数と単語連鎖数から決定（(12-2-2)*(7-2-2)）*FILTERNO*/
→      #define INPUTNO 246 /*入力層のセル数*/
       /*語彙数と単語連鎖数から決定（(45-2-2)*(7-2-2)）*FILTERNO*/
```

```
C:\Users\odaka\ch3>gcc cnn.c -o cnn
```
← 変更後の cnn.c を再コンパイル

```
C:\Users\odaka\ch3>notepad cnndata.txt
```
← makevecout.txt ファイルから、cnn.c への入力データとなる cnndata.txt を作成

cnndata.txtの作成方法
① コマンドプロンプトで"notepad cnndata.txt"と入力して、notepad（メモ帳）を用いて新しくcnndata.txtファイルを作成する
② 空のファイルの先頭行に、教師データ「0」を入力する
③ makevecout.txtの先頭から7行をコピーし、②に続く位置にペーストする
④ ③に続く行に教師データ「0.5」を入力する
⑤ makevecout.txtの中間部分である33行目から39行目までの7行をコピーし、④に続く位置にペーストする
⑥ ⑤に続く行に教師データ「1」を入力する
⑦ makevecout.txtの終わりの部分である71行目から最終行（77行）までをコピーし、⑥に続く位置にペーストする

```
0                    ← 教師データ「0」
1 0 0 0 0 0 0 0 0 0 0 0 0 0 0 0 0 0 0 0 0 0 0 0 0 0 0 0 0 0 0 0 0 0 0 0 0 0 0 0 0 0 0 0 0
0 0 0 0 0 0 0 0 0 0 0 0 0 0 0
0 1 0 0 0 0 0 0 0 0 0 0 0 0 0 0 0 0 0 0 0 0 0 0 0 0 0 0 0 0 0 0 0 0 0 0 0 0 0 0 0 0 0 0 0
0 0 0 0 0 0 0 0 0 0 0 0 0 0 0
0 0 1 0 0 0 0 0 0 0 0 0 0 0 0 0 0 0 0 0 0 0 0 0 0 0 0 0 0 0 0 0 0 0 0 0 0 0 0 0 0 0 0 0 0
0 0 0 0 0 0 0 0 0 0 0 0 0 0 0
0 0 0 1 0 0 0 0 0 0 0 0 0 0 0 0 0 0 0 0 0 0 0 0 0 0 0 0 0 0 0 0 0 0 0 0 0 0 0 0 0 0 0 0 0
0 0 0 0 0 0 0 0 0 0 0 0 0 0 0
0 0 0 0 1 0 0 0 0 0 0 0 0 0 0 0 0 0 0 0 0 0 0 0 0 0 0 0 0 0 0 0 0 0 0 0 0 0 0 0 0 0 0 0 0
0 0 0 0 0 0 0 0 0 0 0 0 0 0 0
```
｝先頭の部分

■実行例 3.6 （つづき）

```
0 0 0 0 0 1 0 0 0 0 0 0 0 0 0 0 0 0 0 0 0 0 0 0 0 0 0 0 0 0
0 0 0 0 0 0 0 0 0 0 0 0 0 0 0
0 0 0 0 0 0 1 0 0 0 0 0 0 0 0 0 0 0 0 0 0 0 0 0 0 0 0 0 0 0
0 0 0 0 0 0 0 0 0 0 0 0 0 0 0
0.5          ◁── 教師データ「0.5」
0 0 0 0 0 0 0 0 0 0 0 0 0 0 0 0 0 0 0 0 0 0 0 0 1 0 0 0 0 0
0 0 0 0 0 0 0 0 0 0 0 0 0 0 0
0 0 0 0 1 0 0 0 0 0 0 0 0 0 0 0 0 0 0 0 0 0 0 0 0 0 0 0 0 0
0 0 0 0 0 0 0 0 0 0 0 0 0 0 0
0 0 0 0 0 0 0 0 0 0 0 0 0 0 0 0 0 0 0 0 0 0 0 0 0 1 0 0 0 0
0 0 0 0 0 0 0 0 0 0 0 0 0 0 0
0 0 0 0 0 0 0 0 0 0 0 0 0 0 0 0 0 0 0 0 0 0 0 0 0 0 1 0 0 0
0 0 0 0 0 0 0 0 0 0 0 0 0 0 0
0 0 0 0 0 0 0 0 0 0 0 0 0 0 0 0 0 0 0 0 0 0 0 0 0 0 0 1 0 0
0 0 0 0 0 0 0 0 0 0 0 0 0 0 0
0 0 0 0 1 0 0 0 0 0 0 0 0 0 0 0 0 0 0 0 0 0 0 0 0 0 0 0 0 0
0 0 0 0 0 0 0 0 0 0 0 0 0 0 0
0 0 0 0 0 0 0 0 0 0 0 0 0 0 0 0 0 0 0 0 0 0 0 0 0 0 0 0 1 0
0 0 0 0 0 0 0 0 0 0 0 0 0 0 0
1            ◁── 教師データ「1」
0 0 0 0 0 0 0 0 0 0 0 0 1 0 0 0 0 0 0 0 0 0 0 0 0 0 0 0 0 0
0 0 0 0 0 0 0 0 0 0 0 0 0 0 0
0 1 0 0 0 0 0 0 0 0 0 0 0 0 0
0 0 0 0 0 0 0 0 0 0 0 0 0 0 0 0 0 0 0 0 0 0 0 0 0 0 0 0 0 0
0 0 0 0 0 0 0 0 0 0 1 0 0 0 0
0 0 0 0 0 0 0 0 0 0 0 0 0 0 0 0 0 0 0 0 0 0 0 0 0 0 0 0 0 0
0 0 0 0 1 0 0 0 0 0 0 0 0 0 0
0 0 0 0 0 0 0 0 0 0 0 0 0 0 0 0 0 0 0 0 0 0 0 0 0 0 0 0 0 0
0 0 0 0 0 0 0 0 0 1 0 0 0 0 0
0 0 0 0 0 0 0 0 0 0 0 0 0 0 0 0 0 0 0 0 0 0 0 0 0 0 0 0 0 0
0 0 0 0 0 0 1 0 0 0 0 0 0 0 0
0 0 0 0 0 0 0 0 0 0 0 0 0 0 0 0 0 0 0 0 0 0 0 0 0 0 0 0 0 0
0 0 0 0 0 0 0 0 0 1 0 0 0 0 0
0 0 0 0 0 0 0 0 0 0 0 0 0 0 0
```

```
C:\Users\odaka\ch3>cnn < cnndata.txt > calccnndata.txt
```
CNNの学習   cnn.cによる学習

3.4 畳み込みニューラルネットの実装

　CNNの学習が終了したら、calccnn.cプログラムを用いて、s1.txt～s3.txtの三つの文の順番を決定する作業を行います。このために、まずcalccnn.cプログラムの入力となるデータを作成します。さらに、calccnn.cプログラムを一部書き換えます。この作業は、**実行例3.7**に示すように、cnn.cの場合と同様、対象データの単語数に合わせた変更です。これらの準備が終わったら、calccnn.cプログラムを用いて文の順番を決定します。

■実行例3.7　calccnn.cプログラムによる文の並び順の決定（3）

```
C:\Users\odaka\ch3>notepad calccnndata.txt
```
（テキストエディタnotepad（メモ帳）を用いて、calccnndata.txtファイルを編集）

変更作業
① cnn.cの出力データから、ニューラルネットの重みの情報のみを抽出
② calccnn.cプログラムに与える1-of-N表現の単語列の追加（s1.txt～s3.txtを用いる）。なお、単語列は各7行（7個の単語）で構成される。

```
C:\Users\odaka\ch3>type calccnndata.txt
```
（編集後のcalccnndata.txtファイルの内容）
```
-0.996277 0.063387 -0.071322 -0.570299 -0.052644 -0.602283
0.840388 -0.280129 0.692373 0.241737 -0.705924 0.734001 0.528489
0.086268
```
（以下、重みの値が続く）
```
-2.549626 2.895213 -0.012798
```

（calccnndata.txtファイルには、前半に結合荷重、後半に1-of-N表現の文データが格納されている）

```
1 0 0 0 0 0 0 0 0 0 0 0 0 0 0 0 0 0 0 0 0 0 0 0 0 0 0 0 0 0 0 0
0 0 0 0 0 0 0 0 0 0 0 0 0
0 1 0 0 0 0 0 0 0 0 0 0 0 0 0 0 0 0 0 0 0 0 0 0 0 0 0 0 0 0 0 0
0 0 0 0 0 0 0 0 0 0 0 0 0
```
（以下、s1.txt～s3.txtの内容が続く）

```
C:\Users\odaka\ch3>notepad calccnn.c
```
（テキストエディタnotepad（メモ帳）を用いて、calccnnc.cのソースコード17行目と23行目を、単語数45に合わせて変更）

変更内容（下線部）
```
17行目 #define VOCSIZE 12   /*1-of-N表現の語彙数（次数）*/
→      #define VOCSIZE 45   /*1-of-N表現の語彙数（次数）*/
23行目 #define INPUTNO 48 /*入力層のセル数*/
       /*語彙数と単語連鎖数から決定（(12-2-2)*(7-2-2))*FILTERNO*/
```

■ 実行例 3.7 （つづき）

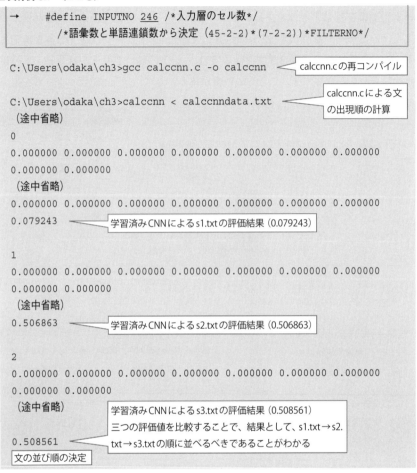

calccnn.c プログラムによると、s1.txt〜s3.txt の評価値は以下のとおりです。

- s1.txt：0.079243
- s2.txt：0.506863
- s3.txt：0.508561

この結果から、s1.txt→s2.txt→s3.txtの順に並べるべきであることがわかりました。これらの結果より、makes.cプログラムを用いて1-of-N表現を普通の単語表現に変換した最終的な文章は、次のようになります（**図3.19**）。

> 自然言語処理の特徴を表す重要語を数値で評価する手法が利用されています。用いると、ある文書に含まれる用語のうちから文書を用いると、文書どうしの類似性を評価することができます。文書要約においては、こうした技術を評価することができます。

■ 図 3.19　一連の作業により生成された文章（最終結果）

第4章

文生成と深層学習

　本章では、深層学習の手法を利用した文生成の方法を紹介します。具体的手法としてリカレントニューラルネットを取り上げ、リカレントニューラルネットを使った自然言語文生成の実例を示します。

4.1 リカレントニューラルネットによる文生成

4.1.1 ニューラルネットと文生成

　文生成の具体的方法の一例として、第2章では、単語の2-gramを確率的に選択して単語を結合することで文を生成する方法を紹介しました。単語の2-gramを利用して文を生成する方法には、他にもさまざまな方法が考えられます。

　そのうちの一つの方法は、ニューラルネットを使って単語の順番を求める方法です。今、単語を1-of-N表現で記述し、これを**図4.1**のような階層型ニューラルネットに与えるとします。前章では階層型ニューラルネットの出力は一つの数値としました。これに対して図4.1では、入力層と同じ数の人工ニューロンを出力層に並べることで、複数の数値を並列して出力させます。これにより、1-of-N表現の単語を一つ入力すると、それに対応する1-of-N表現の単語を出力するニューラルネットを構成することができます。

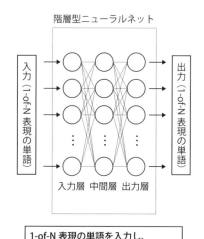

■図4.1　階層型ニューラルネット

　図4.1のネットワークを、適当な単語連鎖を用いて学習させます。つまり、**図4.2**のように、連続する単語の組、すなわち単語の2-gramを学習データとして、ある単語を入力するとそれに続く単語が出力されるようにネットワークをトレーニング

するのです。

学習データセット（単語2-gramの集まり）

単語2-gramの番号	入力データ	教師データ
1	最初の単語（学習データ1）	2番目の単語（教師データ1）
2	2番目の単語（学習データ2）	3番目の単語（教師データ2）
3	3番目の単語（学習データ3）	4番目の単語（教師データ3）
4	4番目の単語（学習データ4）	5番目の単語（教師データ4）
…		

■図4.2　単語の2-gram（2語の連鎖）で構成された学習データセット

このようにして学習を進めると、ある単語の次に出現する単語を答えるようなニューラルネットができあがります。このニューラルネットを用いると、ある単語からスタートして、次々と単語の連鎖を作成することができます。結果として、ある単語から始まる単語列、すなわち文を生成することが可能です。しかしこのニューラルネットは、あまり面白い結果は与えてくれません。それは、次のような理由です。

まず、学習データセットにおいて、ある単語に連続する単語が、必ず他の一つの単語に決まっている場合を考えます。この学習データセットをニューラルネットに与えて学習を進めると、このニューラルネットは、学習データセットに含まれる単語の2-gramの連鎖関係を獲得するでしょう。これにより、ニューラルネットにある単語を与えると、原文となる学習データセットに含まれる単語連鎖のとおりに次の単語を出力します。結果として、学習後のニューラルネットは、指示された単語から始まる原文の一部を切り出し、これを出力するだけの機能しか持たないネットワークになります（**図4.3**）。

```
学習データセット（原文）
単語 A→単語 B→単語 C→単語 D→単語 E→単語 F→単語 G
```

原文を学習、文を生成

```
開始単語「単語 E」
生成結果：「単語 E→単語 F→単語 G」
```

```
開始単語「単語 D」
生成結果：「単語 D→単語 E→単語 F→単語 G」
```

開始単語を指定することで文生成を開始→原文に
含まれるものと同じ連鎖となってしまう

■ 図 4.3　原文を学習した結果、原文の一部を出力するだけの
　　　　　ニューラルネットしか得られない場合の例

　次に、学習データセットを与える原文において、ある単語の次に出現する単語が2通り以上ある場合を考えます。この場合には、ニューラルネットに限らず、どのような学習方法を採用するにせよ、直前の単語だけから次の単語を決めることは原理的にできません。図4.1に示した階層型ニューラルネットに対してこのような学習データセットを与えた場合、ニューラルネットにとっては、同じ入力データに対して異なる出力結果を要求される、矛盾した状況を強いられることになります。その結果、学習は中途半端な状態で止まってしまいます。

　この状態で学習を打ち切って検査データを与えると、ニューラルネットは複数の出力候補のうちから、いつでも同じ単語だけを出力するようになります。これでは、原文の一部のみを不完全に丸暗記したことにしかなりません（**図4.4**）。

```
学習データセット（原文）
単語 A→単語 B→単語 C→単語 D→単語 E→単語 F→単語 G
単語 A→単語 H→単語 I→単語 J
単語 A→単語 K→単語 L→単語 M
```

原文を学習、文を生成

学習によって、たまたま一つの系列のみが獲得される（たとえば 2 番目）

```
開始単語「単語 A」
生成結果：「単語 A→単語 H→単語 I→単語 J」
（これ以外の系列は生成されない）
```

階層型ニューラルネットは文脈を扱うことができない

■ 図 4.4　階層型ニューラルネットによる文生成の問題点

以上の問題点を一言で言い直すと、階層型ニューラルネットでは**文脈 (context)** を扱うことができない、ということになるでしょう。ここで言う文脈とは、ある単語の次に出現する単語は、その単語だけから決まるのではなく、それよりも前に出現した単語にも関係するということを意味します。

この問題を解決するためには、文脈を考慮して単語の連鎖を作成する必要があります。つまり、単に直前の入力単語から次の単語を決めるのではなく、それ以前の単語の情報も用いて単語の連鎖を生成しなければなりません。

たとえば**図 4.5**の例で、単語「赤い」に続く単語を選択する場合には、「赤い」以前に出現した単語によって選択を決定することができます。この例では、「おいしそうな」が先行すれば「赤い　りんご」と生成すればよく、「輝く」が先行すれば「赤い　太陽」と連鎖を決定します。文脈を扱うためには、このような処理を行うことのできる仕組みが必要です。

■ 図 4.5　文脈によって単語の連鎖は変化する

文脈を扱うことの必要性は、ニューラルネットを用いる場合だけでなく、その他の方法を採用した場合でも同様です。しかしここでは、特にニューラルネットを用いて文脈を扱う方法を検討することにします。

4.1.2　リカレントニューラルネット

以上のように、ニューラルネットで文脈を扱うためには、ある時点でニューラルネットに入力された単語だけでなく、過去に入力された単語に関する記憶も扱えなければなりません。実は、このような処理を行うニューラルネットが存在します。それが、**リカレントニューラルネット（recurrent neural network）**です。リカレントニューラルネットの概念図を**図4.6**に示します。

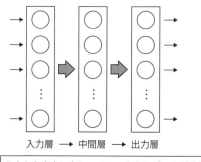

① フィードフォワード型ニューラルネット
　（bp.c や cnn.c などの第3章で扱ったネットワーク）

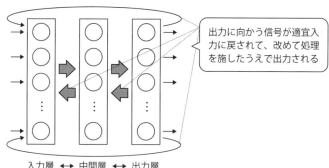

② リカレントニューラルネット

■図4.6　リカレントニューラルネットの概念

4.1 リカレントニューラルネットによる文生成

　第3章で扱った階層型のニューラルネットでは、入力されたデータは各階層の人工ニューロンが処理を施しつつ、出力に向かって一方向に流れてゆきます。このような形式をフィードフォワード型と呼びます。第3章で扱った全結合型ニューラルネットプログラムのbp.cや、畳み込みニューラルネットcnn.cプログラムは、いずれもフィードフォワード型のニューラルネットです。

　これに対して、リカレントニューラルネットでは、入力から出力までの信号の流れが一方向ではありません。リカレントニューラルネットでは、出力に向かう信号が適宜入力に戻されて、次の入力データと合わせて処理を施したうえで出力されます。このようにすることで、過去の入力に関する処理内容をネットワーク内部に記憶し、新たな入力データに対する処理を行う際に、過去の処理内容を加味して処理を行うことができるのです。

　リカレントニューラルネットには、さまざまな形式が提案されています。たとえば、**ホップフィールドネットワーク（Hopfield network）** と呼ばれるリカレントニューラルネットでは、ある人工ニューロンの入力には、自分自身の出力を除いた他のすべての人工ニューロンの出力が与えられます。さらに、すべての出力を各人工ニューロンに与える全結合型のニューラルネットも構成可能です。逆に、これまで説明した階層型ニューラルネットに対して、ごく限定された範囲にのみ新たな結合を追加する形式のリカレントニューラルネットを構成することもできます。

　さまざまな形式のリカレントニューラルネットの中で、ここでは、**図4.7**に示すような形式のリカレントニューラルネットを考えることにします。図4.7では、中間層の出力が元に戻って入力層に与えられています。こうすると、順番に与えられた入力データ系列に対して、一つ前の入力データに関する情報が次の入力データの処理の際に利用されるようになります。

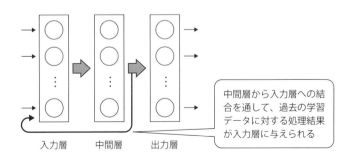

■ 図 4.7　リカレントニューラルネットの一例（中間層の出力を入力層に戻す形式）

一つ前の状態を考慮して次の単語データの処理を行うことで、直前の単語との一対一の対応関係だけでなく、先行して出現した単語を考慮した対応関係を扱えるようになります。そこで、リカレントニューラルネットを用いると、文脈を考慮した単語選択を行うことが可能になります（**図4.8**）。

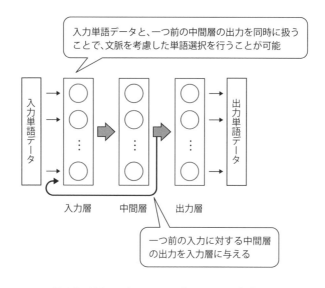

■図4.8　リカレントニューラルネットによる文脈の処理

以下では、図4.7の形式のリカレントニューラルネットを構成し、文脈を考慮して文を生成する方法を示します。

4.2 RNNの実装

4.2.1　RNNプログラムの設計

文脈を扱うことのできるリカレントニューラルネットを構成するために、先に示した全結合階層型ニューラルネットを拡張しましょう。具体的には、データを与える順番を考慮しつつ、階層型ニューラルネットの中間層の出力を入力層にフィードバックするような構造を構築します。

基本的な構造を**図4.9**に示します。図にあるように、基本的な全結合階層型

ニューラルネットの出力層を複数の人工ニューロンで構成したうえで、入力層と中間層に関連するネットワーク構造を次のように変更します。

① 入力層の人工ニューロンの個数を、入力データ数と中間層の出力数を合わせた数に増やす
② 中間層の出力データを入力層に戻すような結合を付け加える

上記の2点を拡張することで、過去に出現した単語の情報を扱うことのできる、基本的なリカレントニューラルネットの構造ができあがります。

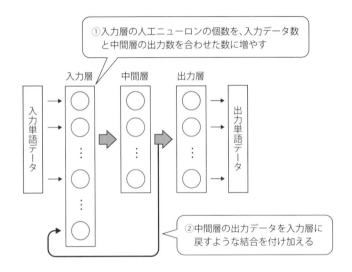

■図4.9 文脈を処理するリカレントニューラルネットの構造

図4.9のリカレントニューラルネットで、入力データから出力データを計算する方法を考えます。基本的には、フィードフォワード型のニューラルネットの場合と同様に、入力層から中間層、出力層へと順に計算を進めます。ただし、入力層に与えるデータの一部として、一つ前のデータについて計算した際の、中間層の出力を入力に与えます。このためには、中間層の出力値を記憶として保存する仕組みが必要になります。これにより、単に入力データに対応する出力値を求めるのではなく、それ以前の入力データに依存した出力値を計算することができるようになります。

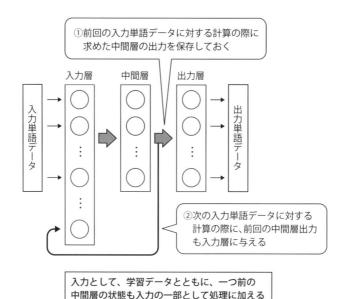

■図4.10　一つ前の状態を考慮したうえでのネットワークの計算

次に、図4.9のネットワークの学習について考えます。リカレントニューラルネットの学習手法にはさまざまな提案がありますが、ここでは、フィードフォワード型ネットワークのバックプロパゲーションアルゴリズムを利用することにしましょう。つまり、フィードフォワード型のネットワークの場合と同様、ある入力に対する出力値を計算し、出力値と教師データとの間の差異を誤差として定義することで、誤差の値に基づいてネットワークのパラメタを調整します。

この際、リカレントニューラルネットでは、過去の入力データに対する誤差も考慮しなければなりません。厳密には、一つ前の過去のデータだけでなく、二つ前、三つ前など、過去にさかのぼったデータに対する誤差も学習において考慮する必要があります。しかしここでは簡単のため、二つ前以前の過去にさかのぼる誤差については考慮せず、ある時点でのネットワーク出力の誤差に基づいてのみ学習を行うことにします。

4.2.2　RNNプログラムの実装

前項で示した方針をもとに、リカレントニューラルネットプログラムrnn.cを構

成します。rnn.cプログラムは、前章で示したbp.cプログラムをもとに、一つ前の過去のデータから計算された中間層の出力結果を入力層に戻すように変更したプログラムです。このため、入力層の人工ニューロンは、1-of-N表現の単語を表すベクトルの要素数に、中間層の出力数を加えただけの数とします。入力データに対する出力値の計算では、必ず中間層からフィードバックされたデータを使います。

リスト4.1に、リカレントニューラルネットrnn.cを示します。rnn.cプログラムは、入力される1-of-N表現のベクトルの要素数が5であり、中間層および出力層の人工ニューロンの数が5であるネットワークを計算するプログラムです。ちなみに、入力層の人工ニューロンの個数は、ベクトルの要素数と中間層のニューロン数を加えた10個となります（**図4.11**）。

■ リスト4.1　リカレントニューラルネットrnn.cのソースコード

```
 1:/*************************************************************/
 2:/*                    rnn.c                                  */
 3:/*   リカレントニューラルネットワーク                          */
 4:/*   バックプロパゲーションによる学習                          */
 5:/*   使い方                                                  */
 6:/*       ¥Users¥odaka¥ch4>rnn < data.txt                     */
 7:/*   誤差の推移や，学習結果となる結合係数などを出力します      */
 8:/*************************************************************/
 9:
10:/*Visual Studioとの互換性確保 */
11:#define _CRT_SECURE_NO_WARNINGS
12:
13:/* ヘッダファイルのインクルード*/
14:#include <stdio.h>
15:#include <stdlib.h>
16:#include <math.h>
17:
18:/*記号定数の定義*/
19:#define INPUTNO  5      /*入力の要素数*/
20:#define HIDDENNO 5      /*中間層のセル数*/
21:#define OUTPUTNO 5      /*出力層のセル数*/
22:#define ALPHA    10     /*学習係数*/
23:#define SEED 65535      /*乱数のシード*/
24://#define SEED 7        /*乱数のシード(他の値) */
```

■リスト4.1 (つづき)

```
25:#define MAXINPUTNO 100/*学習データの最大個数*/
26:#define BIGNUM 100      /*誤差の初期値*/
27:#define LIMIT 0.01      /*誤差の上限値*/
28:
29:/*関数のプロトタイプの宣言*/
30:double f(double u);                  /*伝達関数（シグモイド関数）*/
31:void initwh(double wh[HIDDENNO][INPUTNO+1+HIDDENNO]);
32:                                     /*中間層の重みの初期化*/
33:void initwo(double wo[HIDDENNO+1]);  /*出力層の重みの初期化*/
34:double drnd(void);                   /*乱数の生成*/
35:void print(double wh[HIDDENNO][INPUTNO+1+HIDDENNO]
36:        ,double wo[OUTPUTNO][HIDDENNO+1]);/*結果の出力*/
37:double forward(double wh[HIDDENNO][INPUTNO+1+HIDDENNO]
38:        ,double wo[HIDDENNO+1],double hi[]
39:        ,double e[]);                /*順方向の計算*/
40:void olearn(double wo[HIDDENNO+1],double hi[]
41:        ,double e[],double o,int k);/*出力層の重みの調整*/
42:int getdata(double e[][INPUTNO+OUTPUTNO+HIDDENNO]);
43:                                     /*学習データの読み込み*/
44:void hlearn(double wh[HIDDENNO][INPUTNO+1+HIDDENNO]
45:        ,double wo[HIDDENNO+1],double hi[]
46:        ,double e[],double o,int k);/*中間層の重みの調整*/
47:
48:/******************/
49:/*    main()関数    */
50:/******************/
51:int main()
52:{
53: double wh[HIDDENNO][INPUTNO+1+HIDDENNO];/*中間層の重み*/
54: double wo[OUTPUTNO][HIDDENNO+1];      /*出力層の重み*/
55: double e[MAXINPUTNO][INPUTNO+OUTPUTNO+HIDDENNO];/*学習データセット*/
56: double hi[HIDDENNO+1]={0};            /*中間層の出力*/
57: double o[OUTPUTNO];                   /*出力*/
58: double err=BIGNUM;                    /*誤差の評価*/
59: int i,j,k;                            /*繰り返しの制御*/
60: int n_of_e;                           /*学習データの個数*/
61: int count=0;                          /*繰り返し回数のカウンタ*/
62: double errsum=BIGNUM;                 /*誤差の合計値*/
```

■ リスト 4.1 （つづき）

```
 63:
 64: /*乱数の初期化*/
 65: srand(SEED);
 66:
 67: /*重みの初期化*/
 68: initwh(wh);/*中間層の重みの初期化*/
 69: for(i=0;i<OUTPUTNO;++i)
 70:   initwo(wo[i]);  /*出力層の重みの初期化*/
 71:
 72: /*学習データの読み込み*/
 73: n_of_e=getdata(e);
 74: fprintf(stderr,"学習データの個数:%d¥n",n_of_e);
 75:
 76: /*学習*/
 77: while(errsum>LIMIT){
 78:   /*複数の出力層に対応*/
 79:   errsum=0;
 80:   for(k=0;k<OUTPUTNO;++k){
 81:    err=0.0;
 82:    for(j=0;j<n_of_e;++j){
 83:     /*前回の中間層出力を入力に追加*/
 84:     for(i=0;i<HIDDENNO;++i)
 85:       e[j][INPUTNO+i]=hi[i];
 86:     /*順方向の計算*/
 87:     o[k]=forward(wh,wo[k],hi,e[j]);
 88:     /*出力層の重みの調整*/
 89:     olearn(wo[k],hi,e[j],o[k],k);
 90:     /*中間層の重みの調整*/
 91:     hlearn(wh,wo[k],hi,e[j],o[k],k);
 92:     /*誤差の積算*/
 93:     err+=(o[k]-e[j][INPUTNO+k+HIDDENNO])*(o[k]-e[j][INPUTNO+k+HIDDENNO]);
 94:    }
 95:    ++count;
 96:    /*誤差の合計*/
 97:    errsum+=err;
 98:    /*複数の出力層対応部分終了*/
 99:   }
100:   /*誤差の出力*/
```

■ リスト 4.1 （つづき）

```
101:    fprintf(stderr,"%d\t%lf\n",count,errsum);
102: }/*学習終了*/
103:
104: /*結合荷重の出力*/
105: print(wh,wo);
106:
107: /*学習データに対する出力*/
108: for(i=0;i<n_of_e;++i){
109:   fprintf(stderr,"%d:\n",i);
110:   for(j=0;j<INPUTNO+HIDDENNO;++j)
111:     fprintf(stderr,"%.3lf ",e[i][j]);
112:   fprintf(stderr,"\n");
113:   for(j=INPUTNO+HIDDENNO;j<INPUTNO+OUTPUTNO+HIDDENNO;++j)
114:     fprintf(stderr,"%.3lf ",e[i][j]);
115:   fprintf(stderr,"\n");
116:   for(j=0;j<OUTPUTNO;++j)
117:     fprintf(stderr,"%.3lf ",forward(wh,wo[j],hi,e[i]));
118:   /*前回の中間層出力を入力に追加*/
119:   if(i<n_of_e-1)
120:     for(j=0;j<HIDDENNO;++j)
121:       e[i+1][INPUTNO+j]=hi[j];
122:   fprintf(stderr,"\n");
123: }
124:
125: return 0;
126:}
127:
128:/*********************/
129:/*  hlearn()関数      */
130:/*   中間層の重み学習  */
131:/*********************/
132:void hlearn(double wh[HIDDENNO][INPUTNO+1+HIDDENNO]
133:    ,double wo[HIDDENNO+1]
134:    ,double hi[],double e[],double o,int k)
135:{
136: int i,j;/*繰り返しの制御*/
137: double dj;/*中間層の重み計算に利用*/
138:
```

■ リスト 4.1　（つづき）

```
139: for(j=0;j<HIDDENNO;++j){/*中間層の各セルjを対象*/
140:   dj=hi[j]*(1-hi[j])*wo[j]*(e[INPUTNO+k+HIDDENNO]-o)*o*(1-o);
141:   for(i=0;i<INPUTNO+HIDDENNO;++i)/*i番目の重みを処理*/
142:     wh[j][i]+=ALPHA*e[i]*dj;
143:     wh[j][i]+=ALPHA*(-1.0)*dj;/*しきい値の学習*/
144:   }
145:}
146:
147:/**********************/
148:/*   getdata()関数      */
149:/*学習データの読み込み   */
150:/**********************/
151:int getdata(double e[][INPUTNO+OUTPUTNO+HIDDENNO])
152:{
153:  int n_of_e=0;/*データセットの個数*/
154:  int j=0;     /*繰り返しの制御用*/
155:
156:  /*データの入力*/
157:  while(scanf("%lf",&e[n_of_e][j])!=EOF){
158:    ++j;
159:    if(j==INPUTNO) j+=HIDDENNO;/*リカレント分の読み飛ばし*/
160:    if(j>=INPUTNO+OUTPUTNO+HIDDENNO){/*次のデータ*/
161:      j=0;
162:      ++n_of_e;
163:      if(n_of_e>=MAXINPUTNO) break;/*データ数の上限に達した*/
164:    }
165:  }
166:
167:  return n_of_e;
168:}
169:
170:/**********************/
171:/*  olearn()関数        */
172:/*  出力層の重み学習    */
173:/**********************/
174:void olearn(double wo[HIDDENNO+1]
175:      ,double hi[],double e[],double o,int k)
176:{
```

■ リスト 4.1 （つづき）

```
177: int i;    /*繰り返しの制御*/
178: double d;/*重み計算に利用*/
179:
180: d=(e[INPUTNO+k+HIDDENNO]-o)*o*(1-o);/*誤差の計算*/
181: for(i=0;i<HIDDENNO;++i){
182:   wo[i]+=ALPHA*hi[i]*d;/*重みの学習*/
183: }
184: wo[i]+=ALPHA*(-1.0)*d;/*しきい値の学習*/
185:}
186:
187:/*********************/
188:/*  forward()関数      */
189:/*   順方向の計算       */
190:/*********************/
191:double forward(double wh[HIDDENNO][INPUTNO+1+HIDDENNO]
192:  ,double wo[HIDDENNO+1],double hi[],double e[])
193:{
194: int i,j; /*繰り返しの制御*/
195: double u;/*重み付き和の計算*/
196: double o;/*出力の計算*/
197:
198: /*hiの計算*/
199: for(i=0;i<HIDDENNO;++i){
200:   u=0;/*重み付き和を求める*/
201:   for(j=0;j<INPUTNO+HIDDENNO;++j)
202:     u+=e[j]*wh[i][j];
203:   u-=wh[i][j];/*しきい値の処理*/
204:   hi[i]=f(u);
205: }
206: /*出力oの計算*/
207: o=0;
208: for(i=0;i<HIDDENNO;++i)
209:   o+=hi[i]*wo[i];
210: o-=wo[i];/*しきい値の処理*/
211:
212: return f(o);
213:}
214:
```

■ リスト 4.1　（つづき）

```
215:/*********************/
216:/*    print()関数     */
217:/*    結果の出力      */
218:/*********************/
219:void print(double wh[HIDDENNO][INPUTNO+1+HIDDENNO]
220:           ,double wo[OUTPUTNO][HIDDENNO+1])
221:{
222: int i,j;/*繰り返しの制御*/
223:
224: for(i=0;i<HIDDENNO;++i){
225:   for(j=0;j<INPUTNO+1+HIDDENNO;++j)
226:    printf("%.3lf ",wh[i][j]);
227:   printf("\n");
228: }
229: printf("\n");
230: for(i=0;i<OUTPUTNO;++i){
231:   for(j=0;j<HIDDENNO+1;++j)
232:    printf("%.3lf ",wo[i][j]);
233:   printf("\n");
234: }
235: printf("\n");
236:}
237:
238:/*********************/
239:/*    initwh()関数    */
240:/*中間層の重みの初期化 */
241:/*********************/
242:void initwh(double wh[HIDDENNO][INPUTNO+1+HIDDENNO])
243:{
244: int i,j;/*繰り返しの制御*/
245:
246: /*乱数による重みの決定*/
247: for(i=0;i<HIDDENNO;++i)
248:   for(j=0;j<INPUTNO+1+HIDDENNO;++j)
249:    wh[i][j]=drnd();
250:}
251:
252:/*********************/
```

■ リスト 4.1 （つづき）

```
253:/*      initwo()関数      */
254:/*出力層の重みの初期化      */
255:/*********************/
256:void initwo(double wo[HIDDENNO+1])
257:{
258: int i;/*繰り返しの制御*/
259:
260: /*乱数による重みの決定*/
261: for(i=0;i<HIDDENNO+1;++i)
262:    wo[i]=drnd();
263:}
264:
265:/******************/
266:/* drnd()関数       */
267:/* 乱数の生成       */
268:/******************/
269:double drnd(void)
270:{
271: double rndno;/*生成した乱数*/
272:
273: while(((rndno=(double)rand()/RAND_MAX)==1.0);
274: rndno=rndno*2-1;/*-1から1の間の乱数を生成*/
275: return rndno;
276:}
277:
278:/******************/
279:/* f()関数         */
280:/* 伝達関数         */
281:/*(シグモイド関数)   */
282:/******************/
283:double f(double u)
284:{
285: return 1.0/(1.0+exp(-u));
```

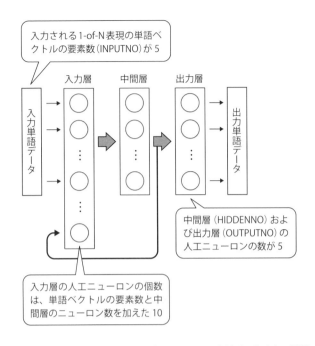

■図4.11　リカレントニューラルネット rnn.c における、入出力の関係

　rnn.cプログラムは、学習データセットとして、1-of-N表現による単語の2-gramを受け取ります。学習データセットの読み取り後、バックプロパゲーションのアルゴリズムを用いてニューラルネットのパラメタを調整します。繰り返しの後、誤差の値があらかじめ決めた値以下となったら学習を終了します。学習結果として、リカレントニューラルネットの重みとしきい値の値を出力するとともに、学習データセットに対するネットワークの出力値を示します。

　なお、rnn.cプログラムでは、学習結果であるネットワークの重みとしきい値を出力する際には、出力先として標準出力を利用します。これは、学習結果であるこれらの値をファイルに格納して保存しておき、後で、文生成を行うcalcrnn.cプログラムの実行時に利用するためです。なお、calcrnn.cプログラムについては次節で説明します。これに対して、学習過程や学習データセットに対する計算結果などの出力は、標準エラー出力を用いて出力します。以上の関係を、**図4.12**にまとめて示します。

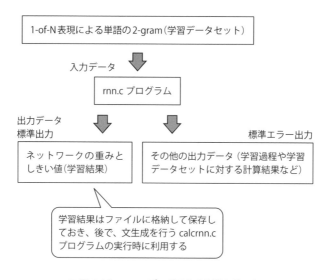

■図4.12　rnn.cプログラムの入出力データ

　他のニューラルネットプログラムの場合と同様、rnn.cプログラムの実行結果は実行環境に依存します。たとえば、**リスト4.1**のrnn.cプログラムをgccコンパイラを使ってコンパイル・実行すると学習が収束するのに、同じrnn.cプログラムをVisual Studioでコンパイルすると、場合によっては学習が収束しないといったことが起こり得ます。これは、乱数の実装などが処理系により異なるため、やむを得ない結果です。

　学習が収束しない場合、たとえば乱数のシードを与える記号定数SEEDをリスト4.1とは別の値にすると、学習がうまく収束する場合があります。リスト4.1ではSEEDの値は次のように定義されています。

```
23:#define SEED 65535     /*乱数のシード*/
```

　この行をコメントアウトし、代わりに次の行 (24行) のコメントを外すと、SEEDの値は7となります。

```
23://#define SEED 65535     /*乱数のシード*/
24:#define SEED 7     /*乱数のシード（他の値）*/
```

4.2 RNNの実装

このようにしてSEEDの値を調整すると、学習結果が変化し、場合によっては学習がうまく進むようになります。あるいは、これら以外の値を用いれば、やはり学習の様子は変化します。

また、乱数の初期値の選択以外に、学習係数ALPHAの値を変更することで学習がうまく進むようになる場合があります。リスト4.1ではALPHAの値は22行目において下記のように10に設定されています。

```
22:#define ALPHA  10   /*学習係数*/
```

学習がうまくいかない場合にはこの部分を変更し、たとえばALPHAを3あるいは1などとして試してください。

```
22:#define ALPHA   3   /*学習係数を3に変更した例*/
```

実行例4.1 にrnn.cプログラムの実行例を示します。この実行例は、Windowsコマンドプロンプト内でgccを用いてrnn.cプログラムをコンパイル・実行した場合の例です。ここでは、5要素の1-of-N表現の単語の連鎖を用いた例を示しています。

■実行例4.1　rnn.cプログラムの実行例

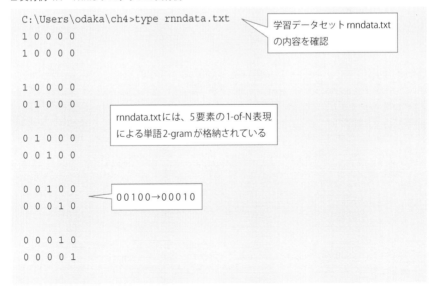

■実行例 4.1 （つづき）

```
0 0 0 0 1
0 0 0 0 1

0 0 0 0 1
0 0 1 0 0

0 0 1 0 0
0 1 0 0 0
```

00100→01000、上例と異なる連鎖

```
0 1 0 0 0
0 0 1 0 0

0 0 1 0 0
0 0 0 1 0

1 1 1 1 1
1 1 1 1 1
```

rnn.cプログラムによる学習

```
C:\Users\odaka\ch4>rnn <rnndata.txt
学習データの個数:11
5       18.018710
10      16.826951
15      15.242289
20      19.838696
25      16.186121
30      14.802457
35      17.544688
40      16.966798
（以下、出力が続く）
182285  0.010851
182290  0.010616
182295  0.010391
182300  0.010177
182305  0.009972
-0.181 14.409 -6.929 -3.905 -1.326 -2.486 -5.937 -3.415 2.342
```

18万回程度の繰り返しの後に学習を完了

学習結果となるネットワーク荷重の出力

■実行例 4.1 （つづき）

```
-1.995 -2.313
-4.417 -15.637 -6.134 -4.368 -6.049 5.691 4.723 6.094 8.811 5.528
-8.950
-13.942 0.479 -12.347 9.503 9.174 -2.174 3.134 -3.041 0.709 -1.573
-0.143
8.394 -1.245 13.395 0.745 -5.343 4.714 -2.481 1.865 4.334 4.156
-1.083
-7.760 -0.896 -7.686 -5.999 10.887 27.500 -11.087 11.966 -11.181
5.889 3.063


6.480 -11.631 -6.022 4.347 -3.864 -3.735
-7.357 -8.828 -9.142 6.654 -12.044 -5.995
13.739 -21.345 8.574 -4.632 10.491 -8.711
-7.997 -16.692 -10.739 8.908 14.545 -0.350
-14.931 -14.854 13.668 2.752 -12.157 -5.823
```

> 学習データセットに対するネットワーク出力の表示

```
0:
1.000 0.000 0.000 0.000 0.000 0.231 0.000 0.009 1.000 0.000
1.000 0.000 0.000 0.000 0.000
0.943 0.033 0.022 0.000 0.000
1:
1.000 0.000 0.000 0.000 0.000 0.980 1.000 0.000 1.000 0.000
0.000 1.000 0.000 0.000 0.000
0.031 0.975 0.000 0.001 0.001
2:
0.000 1.000 0.000 0.000 0.000 0.020 1.000 0.000 1.000 0.002
```

> ほぼ、教師データに対応する出力結果を得ている

```
0.000 0.000 1.000 0.000 0.000
0.026 0.000 0.996 0.000 0.000
```

> 0 0 1 0 0
> → 0.001 0.000 0.001 <u>0.999</u> 0.000

```
3:
0.000 0.000 1.000 0.000 0.000 1.000 0.999 0.988 0.857 0.000
0.000 0.000 0.000 1.000 0.000
0.001 0.000 0.001 0.999 0.000
4:
0.000 0.000 0.000 1.000 0.000 0.000 1.000 0.000 1.000 1.000
0.000 0.000 0.000 0.000 1.000
0.000 0.005 0.000 0.000 0.999
```

■実行例 4.1　（つづき）

```
5:
0.000 0.000 0.000 0.000 1.000 0.001 1.000 1.000 1.000 0.000
0.000 0.000 0.000 0.000 1.000
0.000 0.000 0.007 0.000 0.991
6:
0.000 0.000 0.000 0.000 1.000 0.002 1.000 1.000 0.368 0.079
0.000 0.000 1.000 0.000 0.000
0.000 0.000 0.998 0.000 0.001
7:
0.000 0.000 1.000 0.000 0.000 0.000 1.000 1.000 0.050 0.994
0.000 1.000 0.000 0.000 0.000
0.027 0.976 0.000 0.001 0.002
8:
0.000 1.000 0.000 0.000 0.000 0.000 1.000 0.000 1.000 0.010
0.000 0.000 1.000 0.000 0.000
0.025 0.000 0.997 0.000 0.000
9:
0.000 0.000 1.000 0.000 0.000 1.000 0.999 0.988 0.850 0.000
0.000 0.000 0.000 1.000 0.000
0.001 0.000 0.001 0.999 0.000
10:
1.000 1.000 1.000 1.000 1.000 0.000 1.000 0.000 1.000 1.000
1.000 1.000 1.000 1.000 1.000
1.000 1.000 0.999 0.999 0.995

C:\Users\odaka\ch4>
```

吹き出し: ００１００
→ 0.027 0.976 0.000 0.001 0.002

　学習データセットを格納した rnndata.txt ファイルには、11 個の単語 2-gram が格納されています。これらの中には、文脈に依存して連鎖の結果が変化する例が含まれています。

　たとえば、単語（００１００）の次に来る単語は、学習データセット 4 番目の例では、

```
００１００  →  ０００１０
```

となり、単語（００１００）の次に単語（００１００）が来ます。これに対して 8 番目の

学習データでは、同じ単語（０ ０ １ ０ ０）に対して、

０ ０ １ ０ ０ → ０ １ ０ ０ ０

となり、先ほどとは異なる単語（０ １ ０ ０ ０）がつながります。このようにrnndata.txtファイルに格納された学習データセットは、文脈を考慮しないと単語の連鎖関係が学習できないように構成されています。

　rnn.cプログラムは、rnndata.txtファイルに格納された学習データセットを用いて学習を進めます。その結果、この例では18万回程度の繰り返しの後に学習を完了させています。学習データセットに対する学習結果を見ると、同じ単語（０ ０ １ ０ ０）に対して、以下に説明するように、異なる出力を与えています。

　rnn.cプログラムは、学習データセットに対するネットワーク出力の計算結果を示す際に、入力データとなる単語と、それに対する教師データ、およびリカレントニューラルネットの出力データをそれぞれ示します。この際、入力データとともに、前回の中間層出力データも同時に出力します。

　たとえば、3番目の学習データに対する計算結果は次のとおりです。

```
3:
0.000 0.000 1.000 0.000 0.000 1.000 0.999 0.988 0.857 0.000
0.000 0.000 0.000 1.000 0.000
0.001 0.000 0.001 0.999 0.000
```

この結果は、先頭行の始めから五つ目までの数値が入力単語（０ ０ １ ０ ０）を表しており、6番目から10番目までの数値は直前の中間層の出力を表しています。2番目の行は教師データ（０ ０ ０ １ ０）を表しており、3番目の行がネットワークの出力を示します。ネットワークの出力は（0.001 0 0.001 0.999 0）であり、若干の誤差を含んではいますが、ほぼ教師データと一致しています。

　これに対して、7番目の学習データに対する計算結果は次のとおりです。

```
7:
0.000 0.000 1.000 0.000 0.000 0.000 1.000 1.000 0.050 0.994
0.000 1.000 0.000 0.000 0.000
0.027 0.976 0.000 0.001 0.002
```

先の例の場合と同様に読み取ると、この結果は入力単語（0 0 1 0 0）に対して教師データ（0 1 0 0 0）を学習した結果を示しています。ネットワークの出力は（0.027 0.976 0 0.001 0.002）であり、この場合も誤差を含んではいますが、おおむね教師データと一致しています。ちなみに、直前の中間層の出力を表している入力の6番目から10番目までの数値は、先の3番目の学習データの場合とは大きく異なっています。これにより、同じ入力単語に対しても異なる出力結果が得られるのです。

以上二つの結果を比較すると、リカレントニューラルネットでは、同じ単語入力に対しても文脈により結果が異なることがわかります。もし同じ学習データセットを、フィードバックのないニューラルネットに与えたならば、ある単語に対する出力は常に同じ単語となり、文脈を考慮して異なる単語を生成することはできません。これに対してこの例では、単語（0 0 1 0 0）に対して、文脈ごとに、単語（0 0 0 1 0）や単語（0 1 0 0 0）が生成されています。このようにrnn.cプログラムは、文脈を考慮した学習を行うことが可能なニューラルネットプログラムです。

4.3 RNNによる文生成

4.3.1　RNNによる文生成の枠組み

rnn.cプログラムによって獲得した単語連鎖生成の知識を利用して、新たに文を生成する方法を考えます。そのために、rnn.cプログラムの学習結果を受け取って、適当な単語から始まる単語の連鎖を生成するプログラムcalcrnn.cプログラムを作成しましょう。

calcrnn.cプログラムは、rnn.cプログラムの学習した結合荷重データを読み取り、コマンドライン引数で与えられた番号の単語から始まる単語列を生成します。**図4.13**にcalcrnn.cプログラムの使い方を示します。

4.3 RNNによる文生成

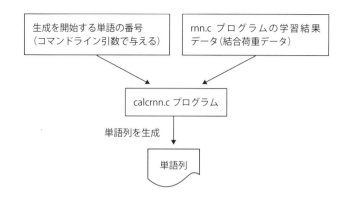

■図4.13 calcrnn.cプログラムの利用方法

図4.13では、前提としてrnn.cプログラムが学習を終えているものとしています。rnn.cプログラムは学習終了後に、ネットワークの重みのデータを出力します。calcrnn.cプログラムは、この重みデータを利用して、単語の連鎖を生成します。

単語連鎖の先頭となる単語の番号は、calcrnn.cプログラムに対してコマンドライン引数として与えることにします。calcrnn.cプログラムは学習済みの重みの値を利用して、リカレントニューラルネットを使って単語の連鎖を順に生成します。なお、生成する単語連鎖の個数は、calcrnn.cプログラム内で記号定数で指定しておくことにしましょう。

以上の前提に基づいて構成したcalcrnn.cプログラムを**リスト4.2**に示します。

■リスト4.2 calcrnn.cプログラム

```
 1:/*************************************************************/
 2:/*              calcrnn.c                                    */
 3:/*   リカレントニューラルネットワーク                          */
 4:/*   学習済みのネットワークを計算します                        */
 5:/*   使い方                                                    */
 6:/*     ¥Users¥odaka¥ch4>calcrnn 2 < data.txt                  */
 7:/*   コマンドライン引数として、開始単語の番号を与えます        */
 8:/*************************************************************/
 9:
10:/*Visual Studioとの互換性確保 */
11:#define _CRT_SECURE_NO_WARNINGS
12:
```

■リスト4.2　（つづき）

```
13:/* ヘッダファイルのインクルード*/
14:#include <stdio.h>
15:#include <stdlib.h>
16:#include <math.h>
17:
18:/*記号定数の定義*/
19:#define INPUTNO 5  /*入力の要素数*/
20:#define HIDDENNO 5/*中間層のセル数*/
21:#define OUTPUTNO 5/*出力層のセル数*/
22:#define WORDLEN 50/*単語連鎖数*/
23:
24:/*関数のプロトタイプの宣言*/
25:double f(double u);     /*伝達関数（シグモイド関数）*/
26:void print(double wh[HIDDENNO][INPUTNO+1+HIDDENNO]
27:           ,double wo[OUTPUTNO][HIDDENNO+1]);/*結果の出力*/
28:double forward(double wh[HIDDENNO][INPUTNO+1+HIDDENNO]
29:          ,double wo[HIDDENNO+1],double hi[]
30:          ,double e[]);/*順方向の計算*/
31:void readwh(double wh[HIDDENNO][INPUTNO+1+HIDDENNO]);
32:                     /*中間層の重みの読み込み*/
33:void readwo(double wo[OUTPUTNO][HIDDENNO+1]);
34:                     /*出力層の重みの読み込み*/
35:void  putword(double inputdata[]);
36:                     /*単語部分のみを1-of-N表現で表示*/
37:
38:/*******************/
39:/*    main()関数    */
40:/*******************/
41:int main(int argc,char *argv[])
42:{
43: double wh[HIDDENNO][INPUTNO+1+HIDDENNO];/*中間層の重み*/
44: double wo[OUTPUTNO][HIDDENNO+1];        /*出力層の重み*/
45: double hi[HIDDENNO+1]={0};              /*中間層の出力*/
46: double o[OUTPUTNO];                     /*出力*/
47: double inputdata[INPUTNO+HIDDENNO]={0}; /*入力*/
48: int i,j;                                /*繰り返しの制御*/
49: int startno;                            /*開始単語の番号*/
50:
```

■ リスト 4.2 （つづき）

```
51: /*開始単語の指定*/
52: if(argc<2){
53:   startno=0;/*指定が無い場合は0番から開始*/
54: }
55: else{
56:   startno=atoi(argv[1]);
57:   if((startno<0) || (startno>=INPUTNO)){
58:     /*開始単語指定のエラー*/
59:     fprintf(stderr,"開始単語の指定値(%d)が間違っています\n",startno);
60:     exit(1);
61:   }
62: }
63: inputdata[startno]=1.0;
64:
65: /*重みの読み込み*/
66: readwh(wh);/*中間層の重みの読み込み*/
67: readwo(wo);/*出力層の重みの読み込み*/
68:
69: /*文生成*/
70: for(i=0;i<WORDLEN;++i){
71:   /*入力データを表示*/
72:   /*必要ならば以下の3行のコメントを外す*/
73://   for(j=0;j<INPUTNO+HIDDENNO;++j)
74://     printf("%.3lf ",inputdata[j]);
75://   printf("\n");
76:   /*単語部分のみを1-of-N表現で表示*/
77:   putword(inputdata);
78:   /*順方向の計算*/
79:   for(j=0;j<OUTPUTNO;++j)
80:     o[j]=forward(wh,wo[j],hi,inputdata);
81:   /*前回の出力を入力にセット*/
82:   for(j=0;j<HIDDENNO;++j)
83:     inputdata[j]=o[j];
84:   /*前回の中間層出力を入力に追加*/
85:   for(j=0;j<HIDDENNO;++j)
86:     inputdata[INPUTNO+j]=hi[j];
87: }
88:
```

■ リスト 4.2 （つづき）

```
 89: return 0;
 90:}
 91:
 92:/*******************************/
 93:/*    putword()関数              */
 94:/*単語部分のみを1-of-N表現で表示  */
 95:/*******************************/
 96:void   putword(double inputdata[])
 97:{
 98: int i;                    /*繰り返しの制御*/
 99: int maxindex=0;           /*最大値要素の添え字番号*/
100: double max=inputdata[0];/*最大値*/
101:
102: /*最大となる要素を調べる*/
103: for(i=1;i<INPUTNO;++i)
104:   if(max<inputdata[i]){
105:     max=inputdata[i];
106:     maxindex=i;
107:   }
108: /*1-of-N表現で単語を出力*/
109: for(i=0;i<INPUTNO;++i){
110:   if(i==maxindex) printf("1 ");
111:   else printf("0 ");
112: }
113: printf("¥n");
114:
115:}
116:
117:/***********************/
118:/*   forward()関数       */
119:/*   順方向の計算        */
120:/***********************/
121:double forward(double wh[HIDDENNO][INPUTNO+1+HIDDENNO]
122:  ,double wo[HIDDENNO+1],double hi[],double e[])
123:{
124: int i,j; /*繰り返しの制御*/
125: double u;/*重み付き和の計算*/
126: double o;/*出力の計算*/
```

■ リスト 4.2 （つづき）

```
127:
128: /*hiの計算*/
129: for(i=0;i<HIDDENNO;++i){
130:   u=0;/*重み付き和を求める*/
131:   for(j=0;j<INPUTNO+HIDDENNO;++j)
132:     u+=e[j]*wh[i][j];
133:   u-=wh[i][j];/*しきい値の処理*/
134:   hi[i]=f(u);
135: }
136: /*出力oの計算*/
137: o=0;
138: for(i=0;i<HIDDENNO;++i)
139:   o+=hi[i]*wo[i];
140: o-=wo[i];/*しきい値の処理*/
141:
142: return f(o);
143:}
144:
145:/***********************/
146:/*    readwh()関数      */
147:/*中間層の重みの読み込み    */
148:/***********************/
149:void readwh(double wh[HIDDENNO][INPUTNO+1+HIDDENNO])
150:{
151: int i,j;/*繰り返しの制御*/
152:
153:   for(i=0;i<HIDDENNO;++i){
154:   for(j=0;j<INPUTNO+1+HIDDENNO;++j)
155:     scanf("%lf",&(wh[i][j]));
156: }
157:}
158:
159:/***********************/
160:/*    readwo()関数      */
161:/*出力層の重みの読み込み    */
162:/***********************/
163:void readwo(double wo[OUTPUTNO][HIDDENNO+1])
164:{
```

■ リスト4.2 （つづき）

```
165: int i,j;/*繰り返しの制御*/
166:
167: for(i=0;i<OUTPUTNO;++i){
168:   for(j=0;j<HIDDENNO+1;++j)
169:     scanf("%lf",&(wo[i][j]));
170: }
171:}
172:
173:/********************/
174:/* f()関数           */
175:/* 伝達関数          */
176:/*(シグモイド関数)   */
177:/********************/
178:double f(double u)
179:{
180: return 1.0/(1.0+exp(-u));
```

calcrnn.cプログラムの実行例を**実行例4.2**に示します。実行例4.2では、rnn.cプログラムによる学習の過程で、学習結果となる重みのデータをcalcrnndata.txtファイルに格納する手順を示しています。その後、calcrnn.cプログラムに対して、生成を開始する単語の番号をコマンドライン引数で与えるとともに、calcrnndata.txtファイルを標準入力から与えることで、単語の連鎖を生成しています。

■ 実行例4.2　calcrnn.cプログラムの実行例

```
C:\Users\odaka\ch4>rnn < rnndata.txt > calcrnndata.txt
学習データの個数:11
5       18.018710
10      16.826951
15      15.242289
（以下、出力が続く）
182295      0.010391
182300      0.010177
182305      0.009972
0:
1.000 0.000 0.000 0.000 0.000 0.231 0.000 0.009 1.000 0.000
1.000 0.000 0.000 0.000 0.000
```

> rnn.cプログラムに学習データセットrnndata.txtを与えて、学習結果の結合荷重データをcalcrnndata.txtファイルに格納する

4.3 RNNによる文生成

■ 実行例 4.2 （つづき）

```
0.943 0.033 0.022 0.000 0.000
```
（以下、学習データセットに対する計算結果の出力が続く）

> 生成例
> 開始単語の番号として0番目を指定

```
C:\Users\odaka\ch4>calcrnn 0 < calcrnndata.txt
1 0 0 0 0
1 0 0 0 0
0 1 0 0 0
0 0 1 0 0
0 0 0 1 0
0 0 0 0 1
0 0 0 0 1
0 0 1 0 0
0 1 0 0 0
```

> 開始単語（1 0 0 0 0）から始まる単語列（文）が生成される

（以下、単語の連鎖が続く）

> 別の生成例
> 開始単語の番号は2番目を指定

```
C:\Users\odaka\ch4>calcrnn  2 < calcrnndata.txt
0 0 1 0 0
0 1 0 0 0
0 0 1 0 0
0 0 0 1 0
0 0 0 0 1
0 0 0 0 1
0 0 1 0 0
0 1 0 0 0
0 0 1 0 0
0 0 0 1 0
0 0 0 0 1
0 0 0 0 1
0 0 1 0 0
0 1 0 0 0
0 0 1 0 0
0 0 0 1 0
0 0 0 0 1
0 0 0 0 1
```

> （0 0 1 0 0）→（0 1 0 0 0）

> （0 0 1 0 0）→（0 0 0 1 0）
> 先の例と異なる単語連鎖が生成されている

（以下、単語の連鎖が続く）

実行例4.2では、calcrnn.cプログラムに対して、二つの異なる開始単語を与えた場合の出力結果をそれぞれ示しています。当然のことながら、二つの場合では異なる単語系列が生成されています。また、生成の途中では、同じ単語に対して、次に生成される単語が文脈によって異なっている例を見ることができます。

4.3.2　文生成実験の実行例

最後に、リカレントニューラルネットを用いた文生成の実行例を示します。以下では、先に2.1.3項で取り上げた例題のうちから、45個の単語を含む例題を対象として文を生成する例を取り上げます。

まず**実行例4.3**に、学習に使う文章から1-of-N表現の学習データを作成する手順を示します。この処理自体は、2.1.3項で示した手順と同一です。すなわち第2章で説明したmakew1gram.cプログラムとmakevec.cプログラムを用いて、解析対象のtext3.txtを1-of-N表現の単語列に変換しています。なおこの過程で、voc.txtという単語一覧を格納したファイルも生成されます。

■実行例 4.3　学習に使う文章から 1-of-N 表現の単語列データを作成する手順

```
C:\Users\odaka\ch4>type text3.txt
自然言語処理の技術を用いると、文書の要約や、文書どうしの類似性を評価することができます。文書要約においては、ある文書に含まれる用語のうちから文書の特徴を表す重要語を抽出したり、文書を表現する要約文を作成する技術が利用されています。また、こうした技術を用いて、複数の文書どうしの類似性を数値で評価する手法が提案されています。

C:\Users\odaka\ch4>makew1gram < text3.txt > w1gram.txt


C:\Users\odaka\ch4>makevec > makevecout.txt
単語数 45

C:\Users\odaka\ch4type makevecout.txt
1 0 0 0 0 0 0 0 0 0 0 0 0 0 0 0 0 0 0 0 0 0 0 0 0 0 0 0 0 0
0 0 0 0 0 0 0 0 0 0 0 0 0 0 0
0 1 0 0 0 0 0 0 0 0 0 0 0 0 0 0 0 0 0 0 0 0 0 0 0 0 0 0 0 0
0 0 0 0 0 0 0 0 0 0 0 0 0 0 0
0 0 1 0 0 0 0 0 0 0 0 0 0 0 0 0 0 0 0 0 0 0 0 0 0 0 0 0 0 0
0 0 0 0 0 0 0 0 0 0 0 0 0 0 0
```

（注釈）
- 解析対象のtext3.txtの内容を確認
- makew1gram.cプログラムで単語の1-gramに変換
- makevec.cプログラムで1-of-N表現の単語列に変換

4.3 RNNによる文生成

■実行例4.3 （つづき）

```
0 0 0 1 0 0 0 0 0 0 0 0 0 0 0 0 0 0 0 0 0 0 0 0 0 0 0 0 0 0 0 0
0 0 0 0 0 0 0 0 0 0 0 0
（以下、ファイルの内容が表示される）

C:\Users\odaka\ch4>
```

makevec.cプログラムの出力結果
（1-of-N表現の単語列）

次に、こうして作成したmakevecout.txtファイルから、単語2-gramを生成します。このためには、dupline.cというプログラムを用いて、単語列を2-gramに変換します。dupline.cプログラムは、単語列の2行目以降を行ごとに複製することで、学習データセットとなる1-of-N表現の単語2-gramを生成するプログラムです。dupline.cプログラムによる単語2-gramの生成を**実行例4.4**に、dupline.cプログラムのソースコードを**リスト4.3**に示します。

■実行例4.4　1-of-N表現の単語列から単語の2-gramを作成する手順

```
C:\Users\odaka\ch4>dupline < makevecout.txt> rnndata.txt
```
dupline.cプログラムを用いて、単語列を2-gramに変換
```
C:\Users\odaka\ch4>type rnndata.txt
1 0 0 0 0 0 0 0 0 0 0 0 0 0 0 0 0 0 0 0 0 0 0 0 0 0 0 0 0 0 0 0
0 0 0 0 0 0 0 0 0 0 0 0
0 1 0 0 0 0 0 0 0 0 0 0 0 0 0 0 0 0 0 0 0 0 0 0 0 0 0 0 0 0 0 0
0 0 0 0 0 0 0 0 0 0 0 0
0 1 0 0 0 0 0 0 0 0 0 0 0 0 0 0 0 0 0 0 0 0 0 0 0 0 0 0 0 0 0 0
0 0 0 0 0 0 0 0 0 0 0 0
0 0 1 0 0 0 0 0 0 0 0 0 0 0 0 0 0 0 0 0 0 0 0 0 0 0 0 0 0 0 0 0
0 0 0 0 0 0 0 0 0 0 0 0
0 0 1 0 0 0 0 0 0 0 0 0 0 0 0 0 0 0 0 0 0 0 0 0 0 0 0 0 0 0 0 0
0 0 0 0 0 0 0 0 0 0 0 0
0 0 0 1 0 0 0 0 0 0 0 0 0 0 0 0 0 0 0 0 0 0 0 0 0 0 0 0 0 0 0 0
0 0 0 0 0 0 0 0 0 0 0 0
（以下、ファイルの内容が表示される）
```

dupline.cプログラムの出力結果
（1-of-N表現の単語2-gram）

■ リスト 4.3　1-of-N 表現の単語 2-gram を生成する dupline.c プログラムのソースリスト

```
 1:/************************************************/
 2:/*           dupline.c                          */
 3:/*   2行目以降の入力行を複製します              */
 4:/* 使い方                                        */
 5:/*C:\Users\odaka\ch4>dupline < text1.txt         */
 6:/************************************************/
 7:
 8:/*Visual Studioとの互換性確保 */
 9:#define _CRT_SECURE_NO_WARNINGS
10:
11:/* 記号定数の定義              */
12:#define MAXSIZE 4096 /*1行の最大サイズ*/
13:
14:/*ヘッダファイルのインクルード*/
15:#include <stdio.h>
16:#include <stdlib.h>
17:
18:/***************/
19:/*  main()関数   */
20:/***************/
21:int main()
22:{
23:  char line[MAXSIZE];/*入力行*/
24:
25:  /*最初の行を読み込んでそのまま出力する*/
26:  fgets(line,MAXSIZE,stdin);
27:  printf("%s",line);
28:
29:  /*2行目以降を複製する*/
30:  while(fgets(line,MAXSIZE,stdin)!=NULL){
31:    printf("%s",line);
32:    printf("%s",line);
33:  }
34:
35:  return 0;
36:}
```

これで学習データセットであるrnndata.txtファイルができあがりましたので、

次に、rnn.cプログラムを用いてネットワークの学習を行います。このためには、学習データセットの大きさに合わせてrnn.cプログラムを一部修正する必要があります。具体的には、**リスト4.4**に示すように、ニューラルネットの各層のセル数を、問題のサイズに合わせて変更します。ここでは45種類の単語からなる学習データを扱いますから、各階層のセル数を45に変更します。また、ネットワークの変更に合わせて、学習係数ALPHAや誤差の上限値LIMITも以下のように調整します。この変更は、後で使うcalcrnn.cプログラムでも同様に実施します。

■リスト4.4　問題のサイズに合わせて、記号定数を変更する（rnn.cプログラムおよびcalcrnn.cプログラム）

変更前

```
18:/*記号定数の定義*/
19:#define INPUTNO  5        /*入力の要素数*/
20:#define HIDDENNO 5        /*中間層のセル数*/
21:#define OUTPUTNO 5        /*出力層のセル数*/
22:#define ALPHA    10       /*学習係数*/
23:#define SEED     65535    /*乱数のシード*/
24://#define SEED   7        /*乱数のシード(他の値) */
25:#define MAXINPUTNO 100    /*学習データの最大個数*/
26:#define BIGNUM   100      /*誤差の初期値*/
27:#define LIMIT    0.01     /*誤差の上限値*/
```

変更後

```
18:/*記号定数の定義*/
19:#define INPUTNO  45       /*入力の要素数*/
20:#define HIDDENNO 45       /*中間層のセル数*/
21:#define OUTPUTNO 45       /*出力層のセル数*/
22:#define ALPHA    0.2      /*学習係数*/
23:#define SEED     65535    /*乱数のシード*/
24://#define SEED   7        /*乱数のシード(他の値) */
25:#define MAXINPUTNO 100    /*学習データの最大個数*/
26:#define BIGNUM   100      /*誤差の初期値*/
27:#define LIMIT    2        /*誤差の上限値*/
```

次はrnn.cプログラムによる学習です。**実行例4.5**に学習の過程を示します。

第4章 文生成と深層学習

■実行例4.5 rnn.c プログラムによる学習の過程

```
C:\Users\odaka\ch4>rnn < rnndata.txt > calcrnndata.txt

学習データの個数：76
45      254.882615
90      130.521052
135     74.495603
180     73.648223
（以下、出力が続く）
99810     1.986350
0:
1.000 0.000 0.000 0.000 0.000 0.000 0.000 0.000 0.000 0.000
0.000 0.000 0.000 0.000
（以下、学習データセットに対する計算結果が出力される）

C:\Users\odaka\ch4>
```

> rnn.c プログラムによる学習
> 学習結果の重み係数は calcrnndata.txt
> ファイルに格納する

　実行例4.5までの処理で、calcrnn.c プログラムに与えるデータが揃います。以上の準備をもとに、calcrnn.c を用いて単語の連鎖を生成します。新しい単語列を生成する手順を**実行例4.6**に示します。

■実行例4.6 calcrnn.c プログラムによる単語列生成

> 単語番号8から連鎖生成をスタート、makes.c プログラムで自然言語表現に変換

> makes.c プログラムの実行には voc.txt ファイルが必要

```
C:\Users\odaka\ch4>calcrnn 8 < calcrnndata.txt | makes
単語数 45      生成結果文
文書どうしの類似性を数値で評価する手法が利用されています。またのこうしたを技術
を利用されています評価する手法こうした評価またをにで評価する手法が利用されてい
ます。の、こうしたををが利用されていますを用するにおいてはが
C:\Users\odaka\ch4>calcrnn 18 < calcrnndata.txt |makes
単語数 45
ある文書を表現する要約文を作成する技術が利用されています。また、こうした技術を
用いて、複数のこうしたこうした表こうしたこうした、こうしたを数値で評価する利用
が利用されていますを用がこうした複数技術がにされていますを
C:\Users\odaka\ch4>calcrnn 32  < calcrnndata.txt |makes
単語数 45
要約文を表現する要約文がまれする、文書をどうしのを作成作成する技術が利用され
```

> 単語番号18から連鎖を生成

> 単語番号32から連鎖を生成

■実行例4.6 (つづき)

```
ています。またするこうしたがこうしたする利用されていますをどうしのをのをこうし
たをにが利用されていますをのするこうしたをこうしたするにこうした
C:\Users\odaka\ch4>calcrnn 40  < calcrnndata.txt  |makes
単語数 45                         単語番号40から連鎖を生成
複数のを技術を利用されています評価されていますのの特徴またをにで評価する手法が
利用されています。の文書要約こうしたこうしたをが利用されていますをまたする数値
がこうしたするをこうしたをどうしのをの用で評価する技術が利用
C:\Users\odaka\ch4>
```

実行例4.6では、calcrnn.cプログラムを用いて単語列を生成しています。calcrnn.cプログラムは、生成を開始する単語の番号をコマンドライン引数として受け取るので、実行例4.6の例ではコマンド入力時にさまざまな開始番号をコマンドライン引数として与えています。また、生成のためのデータとしてcalcrnndata.txtを標準入力から与えます。

calcrnn.cプログラムの出力は、パイプを介してmakes.cプログラムに与えています。makes.cプログラムは、標準入力から受け取った1-of-N表現の単語列を、普通の日本語の単語に変換して出力します。なお第2章で述べたように、makes.cプログラムの実行にはvoc.txtファイルが必要です。

実行例4.6では、4種類の異なる開始単語に対して、それぞれ単語列を生成させています。それぞれの出力例の冒頭部分を集めると、次のような文の集合ができあがります。

```
文書どうしの類似性を数値で評価する手法が利用されています。
ある文書を表現する要約文を作成する技術が利用されています。
要約文を表現する要約文がまれする、文書をどうしのを作成を作成する技術
が利用されています。
複数のを技術を利用されています評価されていますのの特徴またをにで評価
する手法が利用されています。
```

これらの生成文をどう見るかは応用分野や用途によりますが、構文規則や語の用法に妙な癖のある、不思議な雰囲気の文が生成されていることは間違いないでしょう。

Appendix

付録

A 行の繰り返し回数を行頭に追加するプログラム
　　　　　　　　　　　　　　　　　　　　uniqc.c
B 行頭の数値により行を整列するプログラム
　　　　　　　　　　　　　　　　　　　　sortn.c
C 全結合型ニューラルネットのプログラム
　　　　　　　　　　　　　　　　　　　　bp.c

付録

A　行の繰り返し回数を行頭に追加するプログラム　uniqc.c

　第2章で紹介した、行の重複を削除し、行の繰り返し回数を行頭に追加するuniqc.cプログラムのソースリストを**リストA**に示します。

■ リストA　uniqc.c プログラム

```
 1:/************************************/
 2:/*          uniqc.c                 */
 3:/*  重複行の数え上げ                */
 4:/*  行の繰り返しを削除し,重複回数を示します */
 5:/*  使い方                          */
 6:/*C:\Users\odaka\ch2>uniqc < text.txt  */
 7:/************************************/
 8:
 9:/*Visual Studioとの互換性確保 */
10:#define _CRT_SECURE_NO_WARNINGS
11:
12:/*ヘッダファイルのインクルード*/
13:#include <stdio.h>
14:#include <stdlib.h>
15:#include<string.h>
16:
17:/* 記号定数の定義            */
18:#define MAXLINE 65535
19:
20:/***************/
21:/*  main()関数  */
22:/***************/
23:int main()
24:{
25: char newline[MAXLINE];/*入力行*/
26: char oldline[MAXLINE];/*前の行*/
27: int count=1;            /*重複回数*/
28:
29: /*テキストを読み込む*/
30: fgets(oldline,MAXLINE,stdin);
31: while(fgets(newline,MAXLINE,stdin)!=NULL){
32:   if(strcmp(newline,oldline)==0) ++count;/*同じ行*/
33:   else{/*異なる行*/
```

■ リストA （つづき）

```
34:     printf("%d\t%s",count,oldline);
35:     count=1;
36:     strcpy(oldline,newline);
37:   }
38: }
39: printf("%d\t%s",count,oldline);
40:
41: return 0;
42:}
```

B　行頭の数値により行を整列するプログラム　sortn.c

　第2章で紹介した、行頭の数値により行を整列するsortn.cプログラムのソースリストを**リストB**に示します。

■ リストB　sortn.cプログラム

```
 1:/*********************************************/
 2:/*          sortn.c                          */
 3:/*  行頭の数値により行を整列します            */
 4:/*  使い方                                   */
 5:/*C:\Users\odaka\ch2>sortn < text.txt        */
 6:/*********************************************/
 7:
 8:/*Visual Studioとの互換性確保 */
 9:#define _CRT_SECURE_NO_WARNINGS
10:
11:/*ヘッダファイルのインクルード*/
12:#include <stdio.h>
13:#include <stdlib.h>
14:#include <string.h>
15:
16:/* 記号定数の定義              */
17:#define LINESIZE 256/*一行のバイト数の上限 */
18:#define MAX 65536*3 /* 行数の上限 */
19:
20:/* 関数のプロトタイプの宣言    */
21:int cmpdata(const char *a,const char *b);/*比較関数*/
```

付録

■ リスト B （つづき）

```
22:
23:/* 外部変数 */
24:char lines[MAX][LINESIZE];/*処理対象テキスト*/
25:
26:/****************/
27:/*   main()関数    */
28:/****************/
29:int main()
30:{
31:  char buffer[LINESIZE];/*読み込みバッファ*/
32:  int pos=0;              /*読み込み行数のカウンタ*/
33:  int i;
34:
35:  /*テキストを読み込む*/
36:  while(fgets(buffer,LINESIZE,stdin)!=NULL){
37:    strcpy(lines[pos],buffer);
38:    if((++pos)>=MAX){
39:      fprintf(stderr,
40:        "ファイルサイズの上限を超えました\n");
41:      exit(1);
42:    }
43:  }
44:  /*整列*/
45:  qsort(lines,pos,LINESIZE,
46:    (int (*)(const void *,const void *))cmpdata);
47:  /*出力*/
48:  for(i=0;i<pos;++i)
49:    printf("%s",lines[i]);
50:
51:  return 0;
52:}
53:
54:/*****************************/
55:/*   cmpdata()関数              */
56:/*   比較関数                    */
57:/*****************************/
58:int cmpdata(const char *a,const char *b)
59:{
```

■ リストB （つづき）

```
60: int inta,intb;
61:
62: inta=atoi(a);
63: intb=atoi(b);
64: if(inta>intb) return -1;    /*第一引数が大きい*/
65: else if(inta<intb) return 1;/*第二引数が大きい*/
66:
67: return 0;/*それ以外*/
68:}
```

C　全結合型ニューラルネットのプログラム　bp.c

　第3章で紹介したバックプロパゲーションを用いたニューラルネット学習プログラムbp.cのソースリストを**リストC**に示します。

■ リストC　bp.cプログラム

```
 1:/************************************************/
 2:/*                  bp.c                        */
 3:/*   バックプロパゲーションによるニューラルネットの学習   */
 4:/*   使い方                                      */
 5:/*    ¥Users¥odaka¥ch3>bp < data.txt > result.txt */
 6:/*   誤差の推移や，学習結果となる結合係数などを出力します    */
 7:/************************************************/
 8:
 9:/*Visual Studioとの互換性確保 */
10:#define _CRT_SECURE_NO_WARNINGS
11:
12:/* ヘッダファイルのインクルード*/
13:#include <stdio.h>
14:#include <stdlib.h>
15:#include <math.h>
16:
17:/*記号定数の定義*/
18:#define INPUTNO 2      /*入力層のセル数*/
19:#define HIDDENNO 2     /*中間層のセル数*/
20:#define ALPHA   10     /*学習係数*/
21:#define SEED 65535     /*乱数のシード*/
```

■ リストC （つづき）

```c
22:#define MAXINPUTNO 100/*学習データの最大個数*/
23:#define BIGNUM 100     /*誤差の初期値*/
24:#define LIMIT 0.001    /*誤差の上限値*/
25:
26:/*関数のプロトタイプの宣言*/
27:double fs(double u);/*伝達関数（シグモイド関数）*/
28:void initwh(double wh[HIDDENNO][INPUTNO+1]);/*中間層の重みの初期化*/
29:void initwo(double wo[HIDDENNO+1]);         /*出力層の重みの初期化*/
30:double drnd(void);                          /* 乱数の生成         */
31:void print(double wh[HIDDENNO][INPUTNO+1]
32:           ,double wo[HIDDENNO+1]);         /*結果の出力*/
33:double forward(double wh[HIDDENNO][INPUTNO+1]
34:           ,double wo[HIDDENNO+1],double hi[]
35:           ,double e[INPUTNO+1]);           /*順方向の計算*/
36:void olearn(double wo[HIDDENNO+1],double hi[]
37:           ,double e[INPUTNO+1],double o);  /*出力層の重みの調整*/
38:int getdata(double e[][INPUTNO+1]);         /*学習データの読み込み*/
39:void hlearn(double wh[HIDDENNO][INPUTNO+1]
40:           ,double wo[HIDDENNO+1],double hi[]
41:           ,double e[INPUTNO+1],double o);  /*中間層の重みの調整*/
42:
43:/******************/
44:/*    main()関数   */
45:/******************/
46:int main()
47:{
48: double wh[HIDDENNO][INPUTNO+1]; /*中間層の重み*/
49: double wo[HIDDENNO+1];          /*出力層の重み*/
50: double e[MAXINPUTNO][INPUTNO+1];/*学習データセット*/
51: double hi[HIDDENNO+1];          /*中間層の出力*/
52: double o;                       /*出力*/
53: double err=BIGNUM;              /*誤差*/
54: int i,j;                        /*繰り返しの制御変数*/
55: int n_of_e;                     /*学習データの個数*/
56: int count=0;                    /*繰り返し回数のカウンタ*/
57:
58: /*乱数の初期化*/
59: srand(SEED);
```

■リストC （つづき）

```
60:
61: /*重みの初期化*/
62: initwh(wh);   /*中間層の重みの初期化*/
63: initwo(wo);   /*出力層の重みの初期化*/
64: print(wh,wo);/*重みの出力*/
65:
66: /*学習データの読み込み*/
67: n_of_e=getdata(e);
68: printf("学習データの個数:%d¥n",n_of_e);
69:
70: /*学習*/
71: while(err>LIMIT){/*誤差が収束するまで繰り返す*/
72:   err=0.0;
73:   for(j=0;j<n_of_e;++j){
74:     /*順方向の計算*/
75:     o=forward(wh,wo,hi,e[j]);
76:     /*出力層の重みの調整*/
77:     olearn(wo,hi,e[j],o);
78:     /*中間層の重みの調整*/
79:     hlearn(wh,wo,hi,e[j],o);
80:     /*誤差の積算*/
81:     err+=(o-e[j][INPUTNO])*(o-e[j][INPUTNO]);
82:   }
83:   ++count;
84:   /*誤差の出力*/
85:   fprintf(stderr,"%d¥t%lf¥n",count,err);
86: }/*学習終了*/
87:
88: /*結合荷重の出力*/
89: print(wh,wo);
90:
91: /*学習データに対する出力*/
92: for(i=0;i<n_of_e;++i){
93:   printf("%d ",i);
94:   for(j=0;j<INPUTNO+1;++j)
95:     printf("%lf ",e[i][j]);
96:   o=forward(wh,wo,hi,e[i]);
97:   printf("%lf¥n",o);
```

付録

■ リストC（つづき）

```
 98: }
 99:
100: return 0;
101:}
102:
103:/*********************/
104:/*  hlearn()関数      */
105:/*  中間層の重み学習    */
106:/*********************/
107:void hlearn(double wh[HIDDENNO][INPUTNO+1]
108:     ,double wo[HIDDENNO+1]
109:     ,double hi[],double e[INPUTNO+1],double o)
110:{
111: int i,j;   /*繰り返しの制御変数*/
112: double dj;/*中間層の重み計算に利用*/
113:
114: for(j=0;j<HIDDENNO;++j){/*中間層の各セルjを対象*/
115:   dj=hi[j]*(1-hi[j])*wo[j]*(e[INPUTNO]-o)*o*(1-o);
116:   for(i=0;i<INPUTNO;++i)/*i番目の重みを処理*/
117:     wh[j][i]+=ALPHA*e[i]*dj;
118:   wh[j][i]+=ALPHA*(-1.0)*dj;/*しきい値の学習*/
119: }
120:}
121:
122:/*********************/
123:/*  getdata()関数     */
124:/*学習データの読み込み  */
125:/*********************/
126:int getdata(double e[][INPUTNO+1])
127:{
128: int n_of_e=0;/*データセットの個数*/
129: int i=0;       /*繰り返しの制御用変数*/
130:
131: /*データの入力*/
132: while(scanf("%lf",&e[n_of_e][i])!=EOF){
133:   ++i;
134:   if(i>INPUTNO){/*次のデータ*/
135:     i=0;
```

■リストC （つづき）

```
136:    ++n_of_e;
137:   }
138: }
139: return n_of_e;
140:}
141:
142:/*********************/
143:/*  olearn()関数      */
144:/*  出力層の重み学習   */
145:/*********************/
146:void olearn(double wo[HIDDENNO+1]
147:    ,double hi[],double e[INPUTNO+1],double o)
148:{
149: int i;    /*繰り返しの制御*/
150: double d;/*重み計算に利用*/
151:
152: d=(e[INPUTNO]-o)*o*(1-o);/*誤差の計算*/
153: for(i=0;i<HIDDENNO;++i){
154:   wo[i]+=ALPHA*hi[i]*d;/*重みの学習*/
155: }
156: wo[i]+=ALPHA*(-1.0)*d;/*しきい値の学習*/
157:
158:}
159:
160:/*********************/
161:/*  forward()関数     */
162:/*  順方向の計算       */
163:/*********************/
164:double forward(double wh[HIDDENNO][INPUTNO+1]
165:    ,double wo[HIDDENNO+1],double hi[],double e[INPUTNO+1])
166:{
167: int i,j; /*繰り返しの制御*/
168: double u;/*重み付き和の計算*/
169: double o;/*出力の計算*/
170:
171: /*hiの計算*/
172: for(i=0;i<HIDDENNO;++i){
173:   u=0;/*重み付き和を求める*/
```

■ リストC （つづき）

```
174:    for(j=0;j<INPUTNO;++j)
175:       u+=e[j]*wh[i][j];
176:    u-=wh[i][j];/*しきい値の処理*/
177:    hi[i]=fs(u);
178:  }
179:  /*出力oの計算*/
180:  o=0;
181:  for(i=0;i<HIDDENNO;++i)
182:    o+=hi[i]*wo[i];
183:  o-=wo[i];/*しきい値の処理*/
184:
185:  return fs(o);
186: }
187:
188: /***********************/
189: /*    print()関数       */
190: /*    結果の出力        */
191: /***********************/
192: void print(double wh[HIDDENNO][INPUTNO+1]
193:            ,double wo[HIDDENNO+1])
194: {
195:  int i,j;/*繰り返しの制御*/
196:
197:  /*中間層の重みの出力*/
198:  for(i=0;i<HIDDENNO;++i)
199:    for(j=0;j<INPUTNO+1;++j)
200:      printf("%lf ",wh[i][j]);
201:  printf("\n");
202:  /*出力層の重みの出力*/
203:  for(i=0;i<HIDDENNO+1;++i)
204:    printf("%lf ",wo[i]);
205:  printf("\n");
206: }
207:
208: /***********************/
209: /*    initwh()関数      */
210: /*中間層の重みの初期化   */
211: /***********************/
```

■リストC (つづき)

```
212:void initwh(double wh[HIDDENNO][INPUTNO+1])
213:{
214: int i,j;/*繰り返しの制御*/
215:
216: /*乱数による重みの決定*/
217: for(i=0;i<HIDDENNO;++i)
218:   for(j=0;j<INPUTNO+1;++j)
219:     wh[i][j]=drnd();
220:}
221:
222:/*********************/
223:/*   initwo()関数     */
224:/*出力層の重みの初期化 */
225:/*********************/
226:void initwo(double wo[HIDDENNO+1])
227:{
228: int i;/*繰り返しの制御*/
229:
230: /*乱数による重みの決定*/
231: for(i=0;i<HIDDENNO+1;++i)
232:   wo[i]=drnd();
233:}
234:
235:/******************/
236:/* drnd()関数      */
237:/* 乱数の生成      */
238:/******************/
239:double drnd(void)
240:{
241: double rndno;/*生成した乱数*/
242:
243: while((rndno=(double)rand()/RAND_MAX)==1.0);
244: rndno=rndno*2-1;/*-1から1の間の乱数を生成*/
245: return rndno;
246:}
247:
248:/******************/
249:/* fs()関数        */
```

付録

■ リスト C （つづき）

```
250:/* 伝達関数          */
251:/*(シグモイド関数)    */
252:/******************/
253:double fs(double u)
254:{
255: return 1.0/(1.0+exp(-u));
256:}
```

参考文献

1. 深層学習について

[1]　人工知能学会（監修）、神嶌 敏弘（編）、深層学習、近代科学社、2015.

[2]　伊庭斉志、進化計算と深層学習―創発する知能―、オーム社、2015.

[3]　岡谷 貴之、深層学習、講談社、2015.

[4]　小高 知宏、機械学習と深層学習 ―C言語によるシミュレーション―、オーム社、2016.

[5]　斎藤 康毅、ゼロから作るDeep Learning ―Pythonで学ぶディープラーニングの理論と実装、オライリージャパン、2016.

2. 自然言語処理について

[1]　小高 知宏、はじめてのAIプログラミング―C言語で作る人工知能と人工無能、オーム社、2006.

[2]　Steven Bird 他、入門 自然言語処理、オライリージャパン、2010.

索 引

数字

1-of-N 表現 33, 65
2-gram 82

A

AI 15
artificial intelligence 15
artificial neural network 18
artificial neuron 18
auto encoder 30

B

back propagation 19
bag-of-words 35
bibliometry 6

C

CBOW 36
Claude Shannon 6
CNN 26, 94
context 165
Continuous Bag-Of-Words 36
Convolutional Neural Network 26

D

deep learning 15, 19

E

EUC 41
evolutionary computon 17

F

formal language theory 11

G

generative grammar 11

H

Hopfield network 167

I

ISO-2022-JP 41

J

JIS漢字コード 41

M

machine learning 15
machine translation 4
MeCab 61
morphological analysis 8

N

n-gram 6
natural language processing 2
neural network 18
Noam Chomsky 11
nonterminal symbol 11

O

output function 116

P

perceptron 19
phrase structure grammar 11

R

recurrent neural network 166
reinforcement learning 16

S

Shift_JIS 40
sigmoid function 117
skip-gram 表現 36
start symbol 11
statistical natural language processing 14
swarm intelligence 17
syntax analysis 12
syntax tree 13

T

Term Frequency 35
terminal symbol 11
test data set 23
text processing 6
TF 35
training data set 22
transfer function 116

U

Unicode 40

W

W.Pitts 19
W.S.McCulloch 19

う

ウォーレン・マカロック 19
ウォルター・ピッツ 19

か

開始記号 11
階層型ニューラルネット 20, 162
書き換え規則 11
学習データセット 22

き

機械学習 15
機械翻訳 4
強化学習 16

く

句構造文法 11
クロード・シャノン 6
群知能 17

け

形式言語理論 11
形態素解析 8, 61
計量文献学 6
検索エンジン 3
検査データセット 23

こ

構文解析 12
構文木 13

し

シグモイド関数 117

自己符号化器 30
自然言語インタフェース 4
自然言語処理 2
シフトJIS漢字コード 40
終端記号 11
出力関数 116
進化的計算 17
人工知能 15
人工ニューラルネットワーク 18
人工ニューロン 18
人工無能 4
深層学習 15, 19

せ
生成文法 11
全角文字 41

た
畳み込み層 27
畳み込みニューラルネット 26, 94

ち
チャットボット 4

て
ディープラーニング 15
テキスト処理 6
伝達関数 116

と
統計的自然言語処理 14

に
ニューラルネット 18

の
ノーム・チョムスキー 11

は
パーセプトロン 19
バックプロパゲーション 19, 24, 117
汎化 23
半角文字 41

ひ
非終端記号 11

ふ
プーリング層 29
文書要約 5
文生成 12
文脈 165

ほ
ホップフィールドネットワーク 167

も
文字コード 40

り
リカレントニューラルネット 166

れ
連続 bag-of-words 表現 36

〈著者略歴〉

小高 知宏（おだか　ともひろ）

1983 年　早稲田大学理工学部卒業
1990 年　早稲田大学大学院理工学研究科後期課程修了、工学博士
同　年　九州大学医学部附属病院助手
1993 年　福井大学工学部情報工学科助教授
1999 年　福井大学工学部知能システム工学科助教授
2004 年　福井大学大学院工学研究科教授
現在に至る

〈主な著書〉

『計算機システム』森北出版（1999）
『基礎からわかる TCP/IP Java ネットワークプログラミング　第 2 版』オーム社（2002）
『TCP/IP で学ぶ　コンピュータネットワークの基礎』森北出版（2003）
『TCP/IP で学ぶ　ネットワークシステム』森北出版（2006）
『はじめての AI プログラミング—C 言語で作る人工知能と人工無能—』オーム社（2006）
『はじめての機械学習』オーム社（2011）
『AI による大規模データ処理入門』オーム社（2013）
『人工知能入門』共立出版（2015）
『コンピュータ科学とプログラミング入門』近代科学社（2015）
『機械学習と深層学習 —C 言語によるシミュレーション—』オーム社（2016）

- 本書の内容に関する質問は、オーム社書籍編集局「（書名を明記）」係宛に、書状または FAX（03-3293-2824）、E-mail（shoseki@ohmsha.co.jp）にてお願いします。お受けできる質問は本書で紹介した内容に限らせていただきます。なお、電話での質問にはお答えできませんので、あらかじめご了承ください。
- 万一、落丁・乱丁の場合は、送料当社負担でお取替えいたします。当社販売課宛にお送りください。
- 本書の一部の複写複製を希望される場合は、本書扉裏を参照してください。

JCOPY ＜（社）出版者著作権管理機構　委託出版物＞

自然言語処理と深層学習
—C 言語によるシミュレーション—

平成 29 年 3 月 25 日　第 1 版第 1 刷発行

著　者　小　高　知　宏
発行者　村　上　和　夫
発行所　株式会社　オ　ー　ム　社
　　　　郵便番号　101-8460
　　　　東京都千代田区神田錦町 3-1
　　　　電　話　03(3233)0641（代表）
　　　　URL　http://www.ohmsha.co.jp/

© 小高知宏 2017

組版　トップスタジオ　印刷・製本　千修
ISBN978-4-274-22033-3　Printed in Japan

関連書籍のご案内

- ●小高 知宏 著
- ●A5判・264頁
- ●定価(本体2,800円【税別】)

- ●小高 知宏 著
- ●A5判・248頁
- ●定価(本体2,600円【税別】)

- ●小高 知宏 著
- ●A5判・238頁
- ●定価(本体2,400円【税別】)

機械学習を
はじめよう！

- ●伊庭 斉志 著
- ●A5判・192頁
- ●定価(本体2,700円【税別】)

- ●小高 知宏 著
- ●A5判・232頁
- ●定価(本体2,600円【税別】)

- ●大関 真之 著
- ●A5判・212頁
- ●定価(本体2,300円【税別】)

もっと詳しい情報をお届けできます．
◎書店に商品がない場合または直接ご注文の場合は右記宛にご連絡ください．

ホームページ http://www.ohmsha.co.jp/
TEL/FAX TEL.03-3233-0643 FAX.03-3233-3440

(定価は変更される場合があります)

F-1703-213